おもしろサイエンス

発酵食品の科学

第3版

坂本　卓［著］

B&Tブックス
日刊工業新聞社

はじめに

発酵とはどのような意味でしょうか。「発酵」という語彙に関しては日常的に使用され、身近な言葉になってきました。最近は多くの機会で発酵食品や健康補助食品が紹介され購買意欲をかき立てるように宣伝されています。改めて発酵を調べると、「酵母類・細菌類などの微生物が有機化合物を分解してアルコール類・有機酸類・炭酸ガスを生ずる作用……」とあります。発酵の過程でアルコールを生じたり炭酸ガスを発生したりと、対象物質が踊り何か新規な物質が湧き出てくるような錯覚に見えますから、「湧く」という現象を捉えて発酵の意味を英語でファーメンテーションというようになりました。

発酵食品は微生物が自己の持つ酵素を使って、ある食品内に存在する栄養素を自分自身（微生物）の役に立つように、かつ必要性から変化させて作り上げた食品です。人間はそのようにして生まれた食品をいただいているにすぎません。

発酵と関係の深いものに「酵素」という言葉をよく耳にします。酵素とは一体何でしょうか。酵素とは「生体によって作られ、生体内で営まれる化学反応に触媒として作用する高分子物質。タンパク質またはこれと低分子物質との複合体。触媒する反応の種類によって加水分解酵素・酸化酵素・還元酵素など、きわめて種類が多く、それぞれ特定の生化学反応に対して特異的に作用する」とあります。難しい説明ですからなかなか理解することが困難です。しかし、発酵は酵素と極めて近接な関係にあるのです。

本書は発酵を支える酵素の概念をご説明し、発酵や酵素などの物質あるいは生体内で営まれる反応（生体反応）によって作り得る機能的な発酵食品をご紹介します。発酵食品はそれぞれ特有な性質を持っていますが、微生物によって新しい物質に変化するメカニズムには酵素の働きが必要不可欠です。

また本書は代表的および伝統的な発酵食品がどのような酵素の働きによって生まれてきたか、サイエンスの一環として捉えています。また筆者が試作した新たな発酵食品を紹介し、開発した手順に関しても触れてみなさんのご理解と研究に添えるように配慮しました。

なお、本書は既刊の「おもしろサイエンス発酵食品の科学　第2版」を加筆・修正し第3版としています。本書が読者のみなさんに新たな発酵食品の領域を広範囲に把握し、より一層の創造的な新発酵食品が生まれることを願って止みません。

２０１８年３月

坂本　卓

目次

第1章 発酵食品を豊かにする微生物の力

第2章 発酵を促進する源、酵素を知ろう

第3章 いろいろな微生物が酵素を作る

第4章 伝統的な発酵食品と酵素

第5章 日本の漬け物

第6章 世界の発酵食品

第7章 新しい発酵食品を考えてみよう

第1章

発酵食品を豊かにする微生物の力

1 発酵の恵み
――健康に大きく寄与する発酵食品

日本人の平均寿命は男性が約81歳、女性が約87歳（平成27年）であり、世界的に見てトップランクにあります。この結果に至った要因には多くの理由が見られますが、なかでも「医食同源」といわれるように、食品による影響は最も大きいでしょう。それらの中では、日本の伝統的で長い歴史を持つ発酵食品が少なからず貢献していると考えても過言ではありません。日常的に私たちが食するそれらを簡単に数え上げてみても、味噌、醤油、納豆、漬け物、日本酒、みりん、酢、鰹節などがありますし、地方には独特の製法によったさまざまな発酵食品がありります。これらの共通する作り方は発酵技術が基礎にあります。

私たちは日頃の食事に際して、改めて気づかなくても少なからず自然に多くの発酵食品の恵みを受けてきました。

発酵食品に関しての多くの研究は、発酵食品が人間の健康維持や疾病防止にいかに貢献しているかを報告していますし、発酵食品を摂取することが長寿命につながる重要な要因であるといっています。日本以外の世界の国や地域には長寿命の民族がいます。例えばロシアのコーカサス地方は長寿命者が多く、それはほかの地域と比較して乳酸発酵品を多く摂り入れていることに関係しているといえます。

発酵食品は人類がもともと安全に長く保存する目的から発達してきたといえるでしょう。すなわち発酵することは腐敗を防止するための１つの極めて有効な知恵でした。人間が行うその方法には塩漬け、砂糖漬け、酢漬け、糠漬けなど多種の発酵法がありますが、これらを司る実際の主体は微生物が担っていたのです。今では発酵する目的が食品の保存にとどまらず、おいしさ、栄養素、風味などを併せて付加しています。

それでは発酵食品はなぜ健康維持に役立ち、疾病を予防する効果があるのでしょうか。本書は医学や薬学的な分野ではありませんから簡略に述べますと、発酵食品を摂取すると体内、とくに腸内の細菌を活性化する補助的な役割を果たし免疫力を強化するといわれていますから、健康を維持する重要な基礎となります。腸内には多種多様で何千、何億個の体内酵素が存在して、それぞれの働きを果たし体内の環境整備を促進しています。

たとえば食物を消化する酵素は、人が摂取した食物を分解し消化して腸からの吸収を促します。血液や筋肉を正常に維持する働きを行う酵素もあり、それぞれの酵素が極めて多彩に活動しています。食品の素材（とくに生もの）には多少なりともすべて酵素を含んでいますから、摂取することが体の維持に貢献します。なかでも発酵食品が有する酵素は非常に多く存在し、さまざまな活性化に寄与し細胞の新陳代謝を促進しています。

発酵食品の特性をまとめると、「食品の保存性を高めること」が最初にありますが、重ねて述べると「風味、おいしさを付加すること」が次にあげられます。さらに多くの酵素を含有することから「ビタミン、ミネラル、各種の有機酸を保有するため栄養成分が高く、体内酵素の活性力を高め、ひいては免疫力を強化すること」ができるといえます。

2

微生物の代表的な種類と役割
――過酷な環境にも適応

人間にとって栄養豊かな発酵食品を作る役割は微生物の力によります。微生物は何十億年も前から地球上のあらゆる所に存在して生き長らえてきました。微生物は人間を基準に考えると、非常に有効な働きをする種類と、無用あるいは害を及ぼす部類に分けることができます。後者はたとえば誰でも知っているように、インフルエンザ、エイズ、ウイルス性肝、O-157大腸菌、ペスト、コレラなど疾病の元凶になる種類がそうです。

しかし、人間にとって有用な発酵を司る微生物は、大分類すると3種類があります。これらは、

・カビ（たとえばAspergillusなど）

・酵母（Yeast、イースト）

・細菌（Bacteria）

であり、発酵食品の3大微生物といいます。

これらの微生物は地球上の至る所にすんでいます。すめる理由は微生物が環境に応じて適応性を持っているからです。その地域は熱帯、温暖、寒帯、砂漠、山岳、火山、極点地域、氷山、大気、湖沼河川、海域、深海のすべてです。これらにすむ微生物がどのように名前を付けられたか、数種をご紹介します。

好低温菌は北極、南極の超低温域に生育しています。生きるために細胞外壁を氷結しない膜で覆うか、繊維状の外套《がいとう》をまといカプセル状に防護しています。微生物はこの低温地に存在する餌を食べてい

ます。深海の低温地域にいる微生物も同様です。

砂漠には70℃以上にも達する高度好温菌がいます。70℃を超える温泉の噴出口にも同様の菌が生きています。砂漠にも温泉地にも餌になる無機・有機質の成分があるからです。無機質成分のなかでは硫黄があり、この成分も餌にできます。

高度好温菌でありながら高圧下で生育する菌がいます。海底火山はその環境になります。熱水鉱床から吹き出るマグマには多種多様の酸やミネラル成分を含んでいますから、この環境下でもこれを餌として十分に生きる微生物です。

最近、旅客機が運航する大気中にも微生物の存在が確認されました。餌がないように思えますが、太陽光を採り入れて地球上から上昇するガスや浮遊性の有機質を取り込んでいると考えられます。

イスラエルに死海という湖があります。死海は塩分が25％であり、一般の海域中の3・5％と比較すると極めて高濃度ですが、耐塩性菌がすんでいます。この好塩性微生物は後述する醤油製造で活躍する菌と同類です。一般に生物が死滅するといわれる高塩中で生育できる理由は細胞外壁に塩が浸透する防壁が存在するためと、高塩で活躍できる酵素が存在するためです。

微生物は私たちが考えられないような悪条件や環境下でも十分に適応してリッチな生活を送ることができ、それぞれに生命を維持しながら地球上で働いています。

3 発酵と腐敗の違いって何だろう

——人間に対して有益かどうかが基準

人類は微生物を利用して多くの発酵食品を開発してきましたし、今なお活発にその方向に進んでいます。すべての食品を容易に発酵してそれを食することができ、栄養的にも健康にも役立つなら、人間の食生活にとって極めて有効になります。しかし、発酵には条件がありますし、発酵したために人間にとっては食べられない状態に至ることもあります。

(1) 発酵とは

一般的に発酵とは何かを定義すると、

- 発酵対象物が有機物であること
- 発酵は微生物が作用すること
- 酸素がない条件で作用すること
- 分解して何らかの物質に変換することであるといえますが、さらに1つ付け加えるとするなら、
- 新たな物質が人間に有益性があることになるでしょう。この追加した付加条件の「有益性」が発酵を後述する腐敗と区別する境界になるでしょう。

発酵を示す条件はほかにもさまざまに定義されています。それは発酵が人間の役に立つアルコール発酵や乳酸発酵の範囲にとどまらず、微生物が全地球規模的な環境あるいは食物連鎖を含めた自然界の中で繰り返しながら活動するという一種の生物循環を示すことです。

発酵の過程を順に追って述べますと、微生物は発酵過程を通して増殖していきますが、その際に酵素を分泌します。この酵素がさまざまな有機物質の分解を促進し、タンパク質はアミノ酸に、脂肪は脂肪酸とグリセリンに、炭水化物はブドウ糖に変換して産出します。微生物はこれらの生成物質をエネルギーとして取り込み、代わりにさまざまな物質を自然界に放出します。物質のうち、炭酸ガスは炭酸同化作用によって植物の光合成に、窒素成分は硝酸塩、窒素ガスやアンモニアガスになって土壌の肥料として寄与することになります。

発酵とは

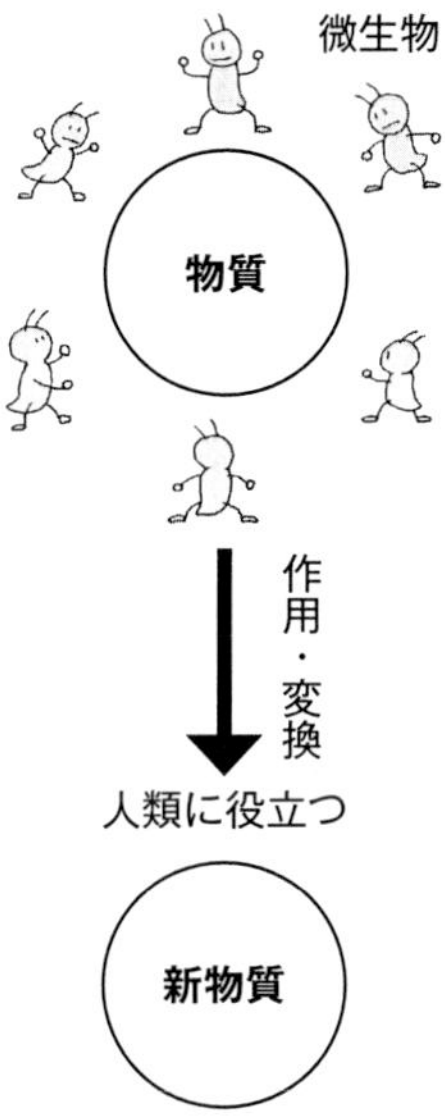

細菌性食中毒の分類

毒素型食中毒		感染型食中毒		
食品内毒素型	生体内毒素型	感染毒素型	感染定着型	感染侵入型
ボツリヌス菌 黄色ブドウ球菌 セレウス（嘔吐型）菌	ウェルシュ菌 セレウス（下痢型）菌	毒素原生大腸菌 腸管出血性大腸菌 コレラ菌 エレシニア・エンテロコリティカ	腸炎ビブリオ 腸管病原性大腸菌 ブレジオモナス・シグロイディス	赤痢菌 サルモネラ カンピロバクター エルシニア・エンテロコリティカなど
食品の中で毒素が生成し摂取時に中毒になる	腸管腔内で増殖して毒素を生成する	腸管粘膜に定着して病原性毒素を生成する	腸管粘膜に定着して毒素成分を生成して下痢などを発生する	腸管組織に侵入して毒素を生成する

微生物はこの地球上に無尽蔵といえるほど多くの種類と数がすんでいますから、発酵は実に天文学的に無限に拡大して進行していることになります。

（2）腐敗とは

一方、腐敗はカビ、酵母、細菌などの微生物が主に有機物やタンパク質を分解して変質させ、分解する際に刺激的な硫化水素やアンモニアガスなどの悪臭を発生することを示します。腐敗と発酵は微生物の活動が進行する点においては同じ現象であり、基本的な違いはありません。腐敗の定義は人間が主体になって判断するとき、無害性、有益性を基準にして勝手な線引きをしたに過ぎないことになります。たとえば伊豆七島の新島特産の「くさや」はアンモニアガスの異臭が強く万人が好む香りではありませんが、食用としては無害でおいしい珍品ですから有益であるとして腐敗品としては定めていません。

人間の食用においては腐敗を食物が腐ると表現しますが、このとき生成する物質が有毒性の場合もあり、これを食すると中毒を引き起こしたり疾病や死亡の原因にもなるときは明らか腐敗になります。

腐敗が生じる条件は素材の種類と状況、温度、湿度、酸度など多くの要因があります。そこで食品を含む多くの発酵産業は人間の有益性を基準にして、腐敗を除外した過程を確保して発酵を進めることになります。

微生物はさまざまな物を分解
おれたちには
発酵も腐敗も
同じこった！

4 発酵を促すカビの力 ―さまざまなカビの能力

前項に微生物の代表を示したように発酵を促すものの1つにカビがあります。カビと言えば食品の腐敗を連想しがちです。たとえばお餅の表面には青いカビが付きますし、古くなったミカンの皮の部分にカビが発生します。この現象はカビが餅やミカンを餌にして繁殖している胞子や菌糸を絡ませた塊です。カビは見えますが、胞子や菌糸は数ミクロンと小さいため見えません。

しかし、カビは腐敗だけを進めるわけではなく、餌になる物質が存在し、繁殖に合う条件になればどこでも成長します。胞子はどこにでも飛散して餌のところにたどり着けば、そこで芽を出して育ち菌糸を形作り、それを繰り返して繁殖するサイクルを繰り返します。そのときの条件は適正な湿度や温度があります。

カビには麹カビ（アスペルギルス、asperugillus）、青カビ（ペニシリウム、penicillium）、毛カビ（ムコール、mucor）、クモノスカビ（リゾウプス、rhizopus）、モナスクス（monascus）などがあります。

①麹カビ

麹カビの種類には黄麹菌があり、古来から有効な菌として使用してきました。デンプンを糖に変える働きが強いため、味噌、日本酒、酢などの製造に使っています。

黒麹菌は胞子の色が黒く、発酵したときクエン酸を生じるため、かなり酸っぱい味がします。泡盛の製造には欠かせません。

レペンス菌は鰹節の製造に使用します。タンパク質や脂肪の分解が優れるためです。

②青カビ

青カビの中ではクリソゲノム菌が抗生物質のペニシリンの製造に使用することは有名です。ロックフォルティ菌は牛乳のカゼインを分解するため、チーズの製造に用います。

③毛カビとクモノスカビ

毛カビ菌とクモノスカビ菌は総じてデンプンの分解力とアルコール発酵作用が強いため、たとえばサツマイモの糖化とアルコール発酵により焼酎の製造に多用します。また牛乳を分解してチーズを作るときにも必要です。

④モナスクス

モナスクスは胞子が鮮やかな赤色を示し、紅麹菌といいます。沖縄名産の豆腐ようはこの菌を使用します。

このようにカビは人間にとって悪影響を及ぼすというより、これらを有効に使用して多くの発酵食品や医薬品の製造など広く恩恵を受けています。

5 お酒に欠かせない酵母
——アルコールを作り出す機能

百薬の長といわれる酒はどのようにして作られたのでしょうか。猿酒という伝えがあります。猿が酒を作っていたとされます。推定すると、おそらく猿が木の実を集めて樹の株穴に貯蔵したとき、果実にある糖に酵母の作用が働きアルコール発酵して自然に酒ができたのでしょう。猿が意図して酒を作るはずはありません。

日本では、これと似たような遺跡が縄文時代後期に作られた壺にあります。その壺の中には山ぶどうの種が残っているため、縄文人は猿と異なって山ブドウを壺に貯蔵しておくと、自然にアルコール発酵することを知っていたと考えられます。山ブドウ以外にも同様に種々の果実に応用してさまざまな酒を作っていたと思われますが、その光景を思い浮かべるとかなり優雅な生活だったでしょう。この場合、アルコール発酵するには自然の条件があります。１つは果実がすでに甘い糖を持っていることです。糖があればデンプンを糖に変換する必要はありません。２つ目は木の実や果実が酵母を持っていたことです。多くの木の実や果実は、たとえば現代でもブドウの仕込みをするときは、ブドウの実の表面にある白い色の酵母を利用してほかに酵母を添加しませんから、古墳時代以前の酒作りは、自然の酵母が糖をアルコールに変換していたのです。３つ目の要因をあげると、自然の気候や気温など発酵条件が合ったためです。日本の四季の中では真夏の高温や冬季の低温時には発酵が困難ですから、適温の春か秋にその条件が備わったのです。

また幸運なことにカビ（麹）がデンプンを糖に変換する力があるのに対して、幸いなことに糖からアルコールに変換できる酵母は自然界の至る所や、果実に存在したため、容易に酒ができあがりました。

酒を造るためには必ず酵母の力が必要です。たとえば果実のジュースはすでに甘い糖を含んでいますから、これにパン用の酵母（ドライイースト）を添加すると炭酸ガスを発生しながら発酵しアルコールができます。濃度を高くするためには加糖すればいいです。おおむね糖の濃度の半分程度のアルコール度数の酒ができあがります。

明治時代以前の酒蔵は酒造りに失敗して倒産することがありましたが、原因は温度や湿度の条件が適さなかっただけでなく、強い酵母を持たなかったことも理由の1つです。現在は良い酵母を入手して発酵条件を管理していますから失敗はありません。

酵母は酒造りにおいて、目に見えない縁の下の力持ちといえるでしょう。最近は旨さ（アミノ酸）、香り、酸度など種々の味覚を決める酵母を選択して酒の評価を差別化する状況です。すなわち酵母の持つ特性が酒の品質を決めますから、優れた酵母を確保して酒造りすることが競争になります。

ビール、日本酒、ワイン

6 医薬品の製造に欠かせない細菌

―抗生物質の発見で細菌に注目が集まった

医薬品の歴史は細菌学者アレクサンダー・フレミング（英）が黄色ブドウ球菌の培養から偶然にペニシリンを発見したことが発端となりました。ペニシリンの製造によって感染症から多くの人命を救い、最も画期的な医薬品になりました。しかし、ペニシリンの高純度化や大量製造が困難であったためと、多くの戦時負傷兵に対する治療が急務であったことと相まって研究が進み、第２次世界大戦終結前に通気撹拌深部培養法（大型タンク内で無菌空気を流入し発酵培養を行う方法）が発明され、初めて欧米で大量生産が可能になりました。

我が国は戦後に到り本法の製造法を導入したことによりペニシリンの製造をはじめ、ほかの多くの抗生物質を誕生させるきっかけになりました。

抗生物質は「生物、とくに微生物によって生産し、微生物およびそのほかの生活細胞の機能を阻止する物質」と定義されます。微生物はカビのほかに細菌があります。現状は疾病に対して容易に、しかも実に多くの機会に抗生物質を使用しています。

数例を上げますと、日本国内に数百万人の糖尿病患者がいます。Ｉ型は膵臓《すいぞう》のβ細胞が壊れてインスリンを分泌できないため、血液中のブドウ糖が制御できない病気です。これに対して膵臓からインスリンを抽出して製剤化しましたが、現在は大腸菌から生成しています。また抗がん剤やホルモン剤など細菌を使って製造する技術が発達しました。

細菌を用いた技術は1950年以降医療の分野に急速に数多く利用されてきました。それらは微生物の基礎的理論から応用して生化学、酵素学、遺伝学、細胞学などです。最大の発明はアミノ酸発酵(生体制御発酵)によるグルタミン酸の生産で、タンパク質の工業的生産ができました。同法によりステロイドホルモン、ビタミンB2、ビタミンCの製造、プロゲステロンの生産、ヘルミントルポリュール酸、核酸の工業化による旨味の基礎物質の大量生産があります。とくに後者は酵素の菌体外に分泌する酵素を発酵する方法で食品工業の発展に大きく寄与しました。産業廃棄物からメタン発酵してガスを回収する技術も実用化しました。

将来の予測としては遺伝子工学の発展による新医薬品の発明、農業・食品工業や新燃料の発明などが期待できますが、大量殺戮に応用する微生物兵器の研究もあります。

抗生物質は飛躍的に発展し、医学に大きな役割を果たし、人類にとって不可欠な医薬品になっています。すでに発見した抗生物質は4000種に及び、我が国は世界のトップリーダーとして100種あまりを製造しています。最近は外傷や風邪などで病院に行くと、医者は常態的に抗生物質を投与する傾向があります。それは効果が確実であるためと薬代が安価であるためです。しかし、おびただしい抗生物質の投与が行われるため、ややもすると患者は免疫機能や耐性に関して、体の受けるダメージと副作用を自己確認する必要があると思います。

最近の新しい抗生物質は進展して、対ウイルスや抗がん剤にも応用でき顕著な効果を上げています。医薬品分野はますます用途が拡大して疫病対策、ウイルス対策、植物では病害虫対策として農薬分野まで拡大し有効に利用しています。微生物のうち、カビとともに細菌は極めて人間にとって有効です。

7 発酵と温度の関係
――発酵に適正な温度で菌を活用

微生物は生きていますし、生息に最適な温度、さらに繁殖に最適な温度があります。その温度は微生物によってさまざまです。冷蔵庫内のように低温が好きで活躍する微生物もいれば、とても高温が好きな微生物もいます。微生物は自ら適正な温度を選択して発酵します。適正でない場合は失活するか、あるいは眠ったままです。

カビ（麹菌）でデンプンを糖化してさらに酵母でアルコール発酵する場合、カビは10℃前後で乳酸菌の増殖を抑えながら酵母が糖を分解し酒を作ります。やがて乳酸菌はアルコールによって死に絶えます。日本酒の仕込みが晩秋から冬に行う理由はこの温度が適正であるためです。

しかし、酵母はタンパク質から成り立っていますから、温度が高いとタンパクが凝固して硬化しますから60℃を超えたら失活してしまいます。

乳酸菌でヨーグルトを作る場合は、およそ30℃～高くて40℃前後で発酵を進めます。それ以下の低温では発酵が進みにくく、温度が高くなると急速に過発酵してやがて腐敗してしまい、乳酸菌は失活します。糠味噌にも乳酸菌がすんでいますが、同様です。

一般に微生物の多くは40℃が発酵の適正な温度ですが、人間の入浴が40℃前後と似ているのも不思議な感じです。

このように微生物の種類によって発酵する適正な

発酵には温度が大切

良い発酵をするには、適温があるんだよ。温度が熱すぎてもダメ。

みそ
しょうゆ
みそ

低温でじっくり発酵し、時間をかけて味とおいしさをアップ！

温度がありますから、選択して活用しなければなりません。

次に発酵を止めたいときは火入れを行います。火入れとは加熱して微生物の活動を停止させることで、これが微生物の失活です。失活に多く採用する温度は80℃です。この温度は発酵食品を作った微生物を失活するのみならず、一般の食品においても殺菌を目的にする際に応用しています。甘酒、日本酒、酢などすべてこの温度ですが、納豆菌が強く80℃以上になっても死滅しないで生き残ります。

8 発酵の種類とその進行
――発酵に適した条件

（1）主な発酵

発酵の主な種類を分類すると代表として３つあります。

アルコール発酵が１つです。これは酵母が糖を餌にしてアルコールと炭酸ガスを生み出します。日本酒を例にとれば米のデンプンを麹が分解して糖に変え、並行して酵母の働きでアルコールに変わります。パン作りでは、発酵過程で酵母が炭酸ガスを生成してパン生地を膨らませます。

次は乳酸発酵です。乳酸菌がピルビン酸を代謝して乳酸を生じます。乳酸はＰＨが低いので、乳酸飲料はやや酸っぱさが残ります。

ほかにはメタン発酵があります。メタン菌が二酸化炭素を分解してメタンを生成します。嫌気性環境の下で発酵します。

（2）酵素の力によって発酵が進行

発酵が進む条件は後述する酵素が働くかどうかで決まります。酵素が働く条件には、次の４つがあります。

①最も適するＰＨ
②最も適する温度
③物質の濃度
④酵素の濃度

これらを満たしたときに酵素が十分にその力を発

揮して発酵が進行します。酵素は一部の特異的な例を除いて、PH7と中性で最も活動します。温度は酵素の種類により適値があります。

1つの例を紹介しましょう。焼きイモはサツマイモを高温で焼いて甘くしますが、れっきとした発酵食品の一種といえます。秋になるとあちこちで石焼窯の中で焼いて市販している光景を見かけます。石焼窯の中の温度は正確に測定していませんが50～60℃ぐらいでしょう。この温度に保持しておくとサツマイモ自身が持っている酵素の働きで、サツマイモのデンプンを糖に変えてくれるから甘くなるのです。その働きには最適な温度が必要で、これが石焼窯内の雰囲気になります。一方、電子レンジでも焼くことはできますが、比較するとあまり甘くなりません。電子レンジでは温度の上昇が急で、最適温度域で酵素が働く時間が少なくなるため、デンプンを糖化して得られる糖度に差異が生じます。このように発酵は条件次第により酵素の働きを大きく左右しながら進行します。

また上記の条件が揃わなかったときは発酵が止まり、限界を超えたら酵素が死にます。

たとえば牛乳や豆乳を乳酸菌で発酵してヨーグルトを作る際に、適温より外れた温度で行うと酵素の働きが弱くなり発酵が進みません、高温では菌が死んでしまうことになるわけです。

自己酵素の反応で味が変化

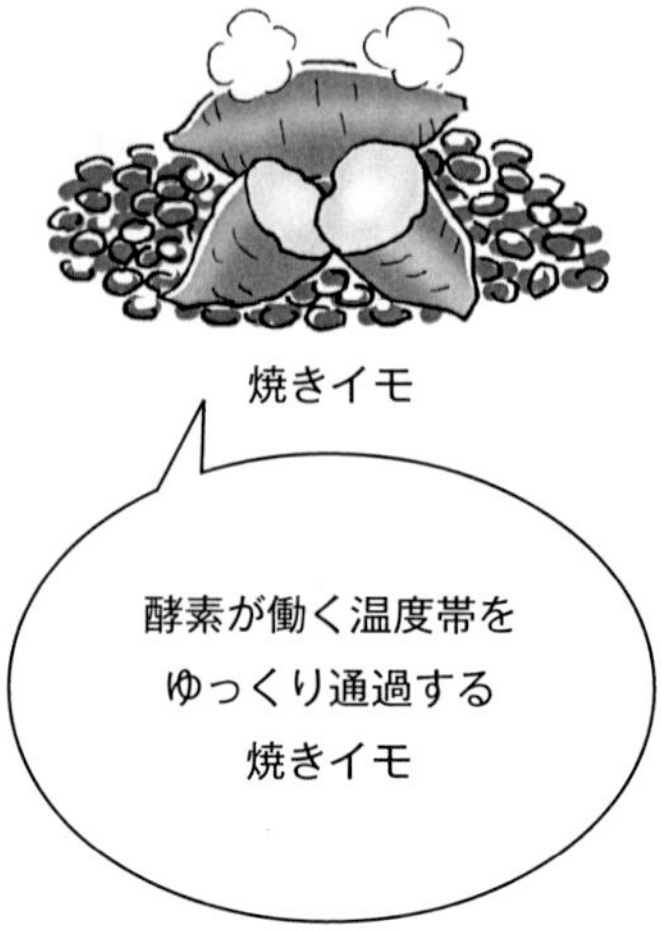

第2章

発酵を促進する源、酵素を知ろう

9 酵素とは一体何でしょう

(1) 酵素の歴史

酵素は基本的にタンパク質から成り立っています。したがって、酵素の生存条件は一般のタンパク質と同様であると認識できます。酵素が人体においては口から食物を摂り入れて、排泄するまでのすべてのプロセスに関与しますし、物質を変化させて異なる物質を生じる役割も担います。

酵素が食物を消化したり、デンプンを糖に変えることを発見した時期は1830年代です。その研究は麦芽中のジアスターゼや胃液中のペプシンが最初で、以降は酵素学として波及していきます。酵素による反応はルイ・パスツール(仏)によって生命体の中で起こる反応であると論じられましたが、酵素が生物に存在することはわかっても実態が見えない時期が長く続きました。

研究が進み1900年初頭に至り1つの酵素の結晶が発見され、後にこれがタンパク質から構成されていることが解明され、以降次々に新しい酵素の発展に繋がってきました。

(2) 酵素が持つ特性は何でしょう

少し難しい説明になりますが、第1に酵素は基本的にはタンパク質ですから、その生存、死滅(失活)はタンパク質と同じです。第2に専門的にいえば基質特異性と反応特異性を持っているとされます。

基質特異性とは平たくいえば酵素が作用するために物質を選ぶことです。すなわち酵素は自ら選択して特定の物質に対してのみ作用します。これはある酵素が特定の物質に作用するということであり、たとえばジアスターゼがデンプンという物質のみに作用することになります。

反応特異性とは酵素がある決まった１つの物質にのみ作用し反応するということです。異なる２つ以上の物質に同時に作用することはありません。

酵素は多かれ少なかれ自然界のすべての生体の中に存在しています。生体内では化学的な反応がありますが、対して酵素は触媒的な反応を行う分子であり、働きは補助的な役割といえるでしょう。後者を酵素反応といい存在する環境条件である、温度、圧力、酸、アルカリ度などの条件において、極めて小さいエネルギーを糧（餌）にして反応します。

酵素は生物が物質を消化するすべての過程において働き、それらの変化に寄与するため、私たちは多くの分野の各段階において利用できます。

私たちは酵素が基盤となる発酵という優れた過程を段階ごとに上手に利用して多くの分野に応用してきました。

それではどのような酵素が存在するか代表的な種類を以降の項で説明します。が、その前に人体を除いた特殊な動物の消化から吸収に到る特異で興味ある事例をご紹介し、人体と異なる動物が持つ酵素の働きが生命活動に及ぶ現象を推察しましょう。

10 人間が消化できない植物を餌にする動物

あらゆる動植物は多かれ少なかれ内部に酵素を持っています。したがって酵素を上手に利用しながら栄養素を吸収して生きています。ここで極めて特殊な動物2例について消化吸収を果たす酵素の役割を紹介しましょう。

同じ哺乳類動物でも人間の食料と動物の食料はかなり差異があります。その理由はそれぞれの体内の構造に違いがあること以外に、体内に持つ酵素の種類と量に差異があるからです。厳しい自然環境の中でしぶとく生きるために摂餌《せつじ》の内容を変えて、永年に渡り餌に合うように自らの体を順応させてきたからです。草食動物でも牛と馬には餌に違いがあります。前者は4つの胃を持って常に反芻《はんすう》していますが、馬は草食した餌の栄養を長い腸を備えて吸収しています。

(1) パンダは何を食べる

パンダはジャイアントパンダとレッサーパンダの2種類がいます。東京・上野動物園で大人気の種類は前者で、ここでは前者に絞って言及し、語彙もパンダで統一します。

パンダは誠に奇妙な動物で、主に中国・四川省の冬季でも雪深い高山にすんでいます。パンダは全身が白と黒に明確に分かれた体毛で覆われ、成獣では体長120~150㎝、体重100kg超の大型哺乳類です。

同じ哺乳類の身近で飼育している牛馬や豚は雑食ですが、牛は４つの胃を持ち常に反芻していますし、馬は草食ですが豚と類似の餌を摂り、偏った摂餌をすることはありません。

竹を食べるパンダ

一方、パンダは大方雑食することができますが、ほとんどが竹食です。パンダは中国語で大熊猫と表すように、内臓は熊に類似して草食系にしては腸が短く肉食系に似ています。これからいえることは、先祖は肉も食べて雑食だったはずですが、気候や地殻変動など何らかの自然の変化が原因で、生きるために身の回りに多く存在する竹や笹を主食に求めた経緯があると推定されています。さらに永年、体が主食に合うように進化してきました。

研究によれば、進化の結果として、消化器官全体に粘液腺が非常に豊富であるため、消化器官を損傷から防ぎ、顎の骨が発達し咀嚼《そしゃく》系の筋力も増加したため、竹や笹を噛み砕くようになりました。あわせて手足と爪は竹や笹を強力に維持できる筋肉を持っています。

繊維質が多い竹や笹などの餌を摂ったとき、笹がもともと栄養成分が低位であるだけでなく、栄養の吸収効率も悪いため、パンダは1日の多くの時間を食事に費やして一心不乱に食べています。すなわち始終食べることが仕事です。ただ栄養確保のためか新しい竹や笹を選り好みし、なかでも筍は大好きです。推定するとセルロースが多い竹や笹を食べた後の消化と吸収を促進する何らかの内臓内酵素が存在すると考えられますが、未だ研究の途上にあり解明されていません。人間が持ついくつかの酵素と同じように、これらの酵素は体内に存在し竹や笹を分解消化し、吸収を促進しているはずです。

(2) コアラが食べるもの

コアラもパンダに似て特殊な摂餌をします。餌の主体になるユーカリはオーストラリア南西、南西部やタスマニア島に広く分布する高木で、根は深長性があり少雨地帯でも頑強に育ちます。葉には、殺菌作用や炎症に効く精油シオネール成分を含有していますが、人間が外用した場合には呼吸器系の疾患を伴い有毒性があります。本項で説明するコアラはユーカリを餌とすると喧伝されていますが、意外にも数多い種類のユーカリの中の数種類に限られていて、しかも新芽しか食べません。しかし、毒性があるユーカリを食べる経緯を推察すると、恐らく摂餌に際して、選択してきた種類のユーカリの葉を摂ることが、ほかの動物に対して競合性が稀なことが第1の理由でしょう。しかも有毒性があるユーカリを食餌できるよう永年に渡って体を進化させてきたわけです。もちろんそのためには体の構造や内部に持つ消化酵素も順応してきたといえます。

コアラはユーカリだけを餌として1日に数百g～1kg食べ、水は飲みません。水分はすべて葉から供給しています。若葉をだけ食べる理由は若葉に水分が多いためと、各種のビタミンやミネラルも併せて吸収しているとされています。

ほかの哺乳類に比較してコアラの内臓で、特に構造に大きい特徴があるわけではありません。ただし、内臓の中では肝臓がシオネールを分解できる酵素を持っていて毒性に対して耐性がありますが、ほかの精油成分は分解できず、そのまま排泄されます。コアラはユーカリを食べているとき以外はいつも木の上で寝ていますが、毒に当たったという様子はありません。極めて不思議な食餌です。

ほかの大きい違いは盲腸にあります。コアラの盲腸は2ｍの長さを持っているからで、葉で砕かれたユーカリはこの盲腸で分解しているようです。盲腸には特殊な酵素や微生物が存在し、滞留時間は1週間と長くかかります。今までの研究によれば、盲腸内の微生物が必ずしもユーカリの葉のタンニンを分解して細胞を分離し、食物繊維を分解糖化する目的はないとされています。

コアラはカンガルーと同じく有袋動物です。ただ有袋の形に違いがあり、コアラは袋の入口が下向きです。生まれてすぐに子供は母親の盲腸から出される排泄物を餌として食べますが、これは母親の排泄物がすぐ食べられる構造になっているからです。さらにユーカリの新芽を食べるほどの解毒性を持たないばかりか、肝臓や盲腸などの機能がまだ備わってないためでしょう。離乳にはおよそ1年かかります。すなわち離乳までの期間は肝臓や盲腸内の酵素あるいは微生物が完成する期間になりますし、または母親からの微生物が盲腸から移動して機能を確保するまでの期間になります。

人間社会の医療において、腸内の疾患を持つ患者に対して優良な正常人の腸内菌を注入する処方がありますが、母親は子供に対して離乳までの期間に母親が持つ体内の微生物を移動させ、離乳後に初めて食餌するユーカリの種類を選ぶ教育もしているように感じます。

11 アミラーゼの特性

酵素という分野は日本古来の醸造物や多くの発酵食品の根底をなすだけでなく、いまや巨大な産業として医学、農業、薬学などの広い分野で進歩しています。酵素を概念で説明するには限界がありますから、実際の具体例でご紹介するほうがわかりやすいでしょう。酵素の種類は無数に存在しますが、代表的な酵素を数項に分けて説明します。

アミラーゼという語句は幼少のころ聞いたか、あるいは体験があるはずです。それは幼少のころからご飯をいただく際によく噛むこと、できれば1口に対して30回を超えて噛むようにと躾《しつ》けられました。そのときの経験上、噛み進めて行けばご飯がだんだん甘くなったような気がしました。実際に噛むことでご飯が変質していたんです。これは唾液の中に存在するアミラーゼという酵素が噛み進むことにより、ご飯を変質させていった反応です。ご飯のデンプンがアミラーゼ酵素の力で糖に変化して甘くなった反応であり、この酵素が人体の中に存在しているからです。

古墳時代、煮た米を口で噛んでお酒を作っていました。米を噛んで甘く糖化したら甕《かめ》に溜めて、これを繰り返して保存します。あとは自然の酵母の力で糖分がアルコール発酵して酒を醸すという極めて原始的な方法でした。はるか古代でも、すでに唾液がデンプンを糖化することを発見していたわけです。これが口噛み酒です。

（1）αアミラーゼ

アミラーゼはデンプンを加水分解する酵素です。その分解は、液化と糖化があり、前者がαアミラーゼ、後者が後述するβアミラーゼです。分解する場合、デンプンが糊化していることが条件です。米の場合を例にすると、煮るか蒸すことになります。もちろんほかのデンプンも同じで糊状になる温度以上に加熱してはじめてアミラーゼが作用できます。

アミラーゼの中には、糊化したデンプンの結合の種類により作用が異なります。難しくいえば、糊化したデンプンはアミロペクチンとアミロースがありますが、そのうちデンプンの構造がα-1，4結合に作用し、α-1，6結合には作用しません。簡単にいえば、あるデンプンの構造の種類にだけに作用すると考えてよいでしょう。またアミロース（重合体の種類）とアミロペクチンは、一般のうるち米ともち米を煮た（あるいは蒸した）あとの伸びや柔らかさが異なるように感じますが、それは２つの重合体の含有比率が違うためです。

一般にデンプンを糊化すると特に粘りが強い半固体の糊状になります。これを利用した商品が糊です。しかし、デンプンの濃度が薄くなれば液状になります。この性質から通称でαアミラーゼを液化酵素といいます。αアミラーゼは人体の唾液以外に膵臓にも存在し、植物では麦芽が代表であり、ほかに多くの微生物（麴など）の中にも存在します。

（2）αアミラーゼの利用

繊維産業では糸に強さを与えるために糊をつけて紡ぎます。織りが済んだら糊を除去します。これは糊抜きと呼ばれ、元来αアミラーゼを使用してきました。砂糖の代替品としてデンプンを糖化してブドウ糖を製造する役割も担います。同じく食用では食用デキストリンの製造にも応用しました。

最も大規模に行った製造に麦芽の持つαアミラーゼが水飴を製造する役目を持ちました。麦芽はαアミラーゼと後述のβアミラーゼの双方を含むため、αアミラーゼで分解できなかった結合物質も変化できます。麦芽は砂糖と比較してやや甘みが少ないのですが水によく溶けて変色しにくいのでパン、お菓子の製造に欠かせない素材です。

αアミラーゼは日本酒製造になくてはならない酵素です。微生物の麹が持つαアミラーゼは蒸した米のデンプンを糖化し、酵母の力でアルコールを発酵します。日本酒の製造以外に製パン、みりんの製造にも多く使用されています。

(3) βアミラーゼ

βアミラーゼは麦芽のほかに、大豆やサツマイモに含まれαアミラーゼと異なる分解を行います。麦芽に存在するβアミラーゼによるデンプンを分解した糖は麦芽糖（マルトース）と呼びます。

βアミラーゼは主に麦芽を利用した麦芽水飴、ウイスキー製造などに利用します。ほかに特殊な薬品として麦芽から酵素だけを分離して乾燥粉末にしたジアスターゼを製造して消化剤に利用しています。

(4) グルコアミラーゼ

グルコアミラーゼは日本酒製造の際に使用する麹の中の糸状菌から分離されますが、それ以外の微生物からも製造できます。利用はデンプンから糖を製造する役割があります。デンプンは酵素としての微生物の起源によっても分解に相違が生じますから、それぞれを最適になるように選択します。

グルコアミラーゼはさまざまなデンプン物質に応じて最適な条件で使用しますが、例えば東南アジアに生育するイモ類への応用などがあります。

12 プロテアーゼとリパーゼの特性

プロテアーゼはタンパク質分解酵素です。肉や魚を食べるときにすでに聞き慣れた方もおられると思います。難しく説明するとプロテアーゼはタンパク質あるいはタンパク質様（ペプタイド）に作用して、ペプチド結合を加水分解する際の触媒の役割を果たす酵素です。

プロテアーゼは食物を分解する研究から、副次的に胃の中のペプシンや膵臓に存在するトリプシンなどから見い出された経緯があります。プロテアーゼは植物や微生物に広く存在します。

もちろんプロテアーゼは人体の胃の中や、膵臓から分泌しますから、我々は肉や魚などのタンパク質を分解消化できるのです。

現在、プロテアーゼは微生物由来から多くの種類が発見され特性を研究しています。

（1）動物由来のプロテアーゼ

動物由来のプロテアーゼは従来から食物の消化分解の研究から進められてきました。この過程でプロテアーゼが単に単独で消化を担うだけでなく、その代謝や血液に関する凝固や生成などの調整も行うことがわかりました。

（2）ペプシン

動物由来のプロテアーゼ中のペプシンは酸性が強く、動物や魚の胃液から生成されています。私たちがゲップや乗り物酔いで嘔吐したときに、酸っぱい胃液が食道に逆流して口内に込み上げてきますが、そのとき強烈な酸っぱさがこれです。ペプシンは多くが食品製造時の消化剤として利用されます。

(3) トリプシン

トリプシンもまた動物由来のプロテアーゼで、膵臓に存在するといわれてきた経緯があります。ペプシンと異なる結合物質を分解します。主に医学上の血液臨床治療に用いられます。

(4) キモトリプシン、レンニンなど

キモトリプシンが人の膵臓に存在し、レンニンは牛など幼い哺乳動物の胃液中に存在します。チモシンあるいは胃の中ではチモーゲンと称します。

レンニンはチーズの製造に欠かせない酵素です。昔、子牛の胃袋を容器に牛乳を入れて旅したとき、牛乳が凝固して塊になったという現象から、レンニンは牛乳を凝固する効果が発見されました。

(5) パパイン

植物性プロテアーゼの代表であるパパインは、パパイヤから発見された植物由来のプロテアーゼですが、おもしろいことに未熟のパパイヤにはパパインが存在しません。またパパインは加熱にやや強いため、肉や魚の料理の消化剤として利用します。

食肉への応用では、たとえば鶏あるいは牛に対してパパインを頸動脈に注射したあと血液を抜き、殺処分する方法を取ります。こうすることが肉のタンパクを質を軟化できるためです。またパパインは目的の食肉商品を製造する際の各種の工程段階にも使用します。

パパインの工業的利用に絹のタンパク質を分解するため、絹織物によく使用します。

(6) プロメライン

パパインによく似た植物性プロテアーゼにプロメラインがあります。プロメラインは強力なプロテアーゼがパイナップル内に存在します。この酵素は果実内だけでなく、茎内にも含有します。パイナップルには強力なプロテアーゼ酵素が十分含まれているため、肉を食する際にパイナップルを一緒に食べると胃の負担が少なくなり、より良い分解消化ができます。

(7) 微生物由来のプロテアーゼ

微生物由来のプロテアーゼは産業界で広く利用されています。それは工業的に規模を拡大できることや酵素反応が極めて早いためです。しかも微生物由来のプロテアーゼは数種のプロテアーゼを産出するという多様な性質を具備しているからです。なかでもカビである麹菌はその代表といえます。

プロテアーゼのPHは酸からアルカリまで存在します。たとえば前者では有名な黒麹があります。カビは医療への消化剤利用や、肉料理などに広く利用されています。

(8) 細菌プロテアーゼ

細菌プロテアーゼは枯草菌から得られるプロテアーゼであり、PHの範囲が広く、味噌、醤油製造のほかに、工業的には皮革のなめしに利用します。なめしはいわゆる脱毛を容易にする工程です。変わった利用に酒類の混濁物質除去があります。それは貯蔵中に白ボケと称する濁りが生じるために、これを沈殿除去することです。身近な利用に酵素利用の洗剤があります。

リパーゼは脂肪酸とグリセリンから構成される物

質（グリセリド）を加水分解する酵素のことです。

（9）膵臓リパーゼ

膵臓リパーゼは膵臓で生成されて十二指腸へ分泌し、食物として摂取した脂肪を分解します。

（10）ミルクリパーゼ

ミルクは数種のリパーゼを含有しています。しかし、ミルクリパーゼは貯蔵中のＰＨや温度によって不安定です。

（11）植物リパーゼ

植物リパーゼは多くの植物の種子内に存在します。身近な植物では大豆、小麦があり、綿にもあります。代表的な植物はトウゴマ（ヒマ）です。トウゴマの種子を絞って得られる油脂がひまし油です。ひまし油は強力な下剤で、盃１杯でも飲用すると腸内が空っぽになるほど強烈な効果があります。

（12）微生物リパーゼ

微生物は多くがリパーゼを含有すると考えられていますが、代表は糸状菌から得られる微生物リパーゼで数種が市販されています。次に微生物リパーゼの中に細菌リパーゼ、酵母リパーゼがあります。ここでは種類があることを認識すればいいでしょう。

リパーゼの利用は脂肪の分解を目的にします。大量の使用としては、大豆油にリパーゼを投入して脂肪酸とグリセリンに分離生成します。

食品工業では日本酒製造時に、米に含有する油脂を前もって完全に除去するため浸漬中にリパーゼを添加する工程があります。ほかには、パン、チョコレート、チーズ製造にも用いますが、目的は嫌な臭い除去とフレーバの付与などがあります。

13 セルラーゼとヘミセルラーゼ、ペクチナーゼの特性

（1）セルラーゼ

セルロースはあらゆる植物の主要な骨格を構成するグルコースのポリマーで自然界に最も多く存在します。つまり植物である木材、竹、藁《わら》、紙、パルプ、葉、茎などすべてこの多糖類です。植物はこのセルロースを光合成によって生成して成長していきます。これは植物が持つ偉大な力であり、地球上でもっとも有用な資源です。

セルロースは簡単には分解できません。その方法は酸による加水分解と酵素による分解によります。前者の方法では高温および高濃度の酸で加水分解しようとしたとき、分解できますが、歩留まりが低く工業化は困難でした。そのため酵素による分解が研究されてきました。

セルラーゼはセルロースを分解できる酵素であり、作用の形態によっていくつかの種類があります。

セルロースは今まで繊維、木材および紙類への利用が主でした。しかし、将来、もしセルロースを人間あるいは家畜が摂ったとき、体内に持つ酵素で簡単に分解できれば、地球上に無限といわれるほど多量に存在する木材が存在する限り、食料危機はあり得ません。体内に酵素がなくとも、新たな手段で工業的にセルロースからグルコースに変換できれば、人類史上、画期的な発明になります。

セルロースの構造を破壊するには物理的な方法、

生物的な方法、化学的な方法が考えられます。それとセルラーゼ酵素による分解です。生産コストに見合う条件下で、今後大規模かつ工業的に行うための研究課題があります。その中で一部が活用されている分野があります。たとえば最近は特に生活排水や工業生産排水のための下水処理があります。これは主に活性汚濁処理法で汚水を浄化し、付随して発生する物質を利用するため大きな貢献をしています。

また家畜の飼料にセルラーゼを利用しています。反芻する牛を含めて数種の哺乳動物以外の多くは繊維質を分解する力を持たないため、セルラーゼ酵素を添加して消化を補助します。つまり飼料にセルラーゼ酵素を添加して消化効率を高めることが可能で、配合飼料製造者が多用するようになりました。

このほかに、大豆の皮の剥離の効率化、大豆を含む豆の蒸煮の効率化、コーンを含むデンプン製造、海藻の繊維の分解効率化など多方面に応用しています。

(2) ヘミセルラーゼ

ヘミセルラーゼはセルロースの中のたとえばグルコースやフラクトース以外のヘキソースが結合した多糖類ヘミセルロースを加水分解する酵素全般を称します。別名、シターゼともいいます。ヘミセルロースの中ではキシラナーゼ、アラバナーゼ、マンナーゼがあります。

ヘミセルラーゼはミカンや大豆の皮剥き、野菜や果物など農産物の下処理に使用します。アルコール醸造に際しては発酵促進、材料歩留まりの増加、ろ過率の向上などの目的で使われています。

(3) ペクチナーゼ

ペクチン分解酵素は植物の構成成分の1つであるペクチンの分解に寄与するさまざまな酵素全般を指し、その代表はペクチナーゼです。

ペクチナーゼは市販剤を購入する際に、単独の酵素分解を目的にすることは少なく、数種の酵素活性を複合して利用します。またペクチナーゼは多くの植物から微生物まで広範囲にわたって存在していますが、製剤としては微生物由来のものです。

使用に当たっては種々の見地から試験を行い分解力の適性を選択します。その条件はＰＨ安定性、熱安定性、使用温度、可溶性、金属イオンの影響などです。もともと果実自身は果汁のろ過性を防御したり、果汁の混濁性を維持する本能があります。そのため果物から搾汁する場合、ペクチナーゼを使用して搾汁の効率化や時間短縮ができ、結果として果汁の透明性を確保します。またミカンの内果皮は従来塩酸や水酸化ナトリウムで処理していましたが、ペクチナーゼの分解力に頼って代替できています。ワインやリンゴ醸造（アップルワインあるいはシードル）においてもペクチナーゼを添加することにより、搾汁率の向上と搾汁の清澄化があります。ほかには桃の核除去や残渣の除去、イチゴのヘタ除去にも応用するなど広く農産物、特に果物類への使用例は多様です。

なお私たちが果汁でジャムを作る際にペクチナーゼを使いますが、その場合は分解ではなくて固形化する目的になります。

11項以降から代表的な酵素を説明しましたが、ほかにはタンニンを分解する酵素（タンナーゼ）、アントシアニンを分解する酵素（アントシアナーゼ）、柑橘類の表皮に存在する苦み成分ナリンギンを分解する酵素（ナリンギナーゼ）、また柑橘類の果汁に含まれるヘスペリジンは果汁の透明化を遮っていますが、この化合物を分解して溶解性を高めるヘスペリジナーゼなどがあります。

14 人体における酵素の役割は何でしょう

人体においては酵素が多くの分野で重要な役割を果たして生命を維持しています。人はパンダのように笹を食べ固有の酵素に働きで分解して吸収し、生きることはできません。人体内に存在する酵素には限りがあります。しかし、前述した数種の酵素が体内にも存在しています。体内の部位ごとに存在する主な酵素の働きを確認しましょう。

(1) 唾液

唾液にはαアミラーゼがあります。食物が口に入り、咀嚼《そしゃく》されるときに唾液が分泌されます。すなわち噛めば噛むほどαアミラーゼが口内に十分出てきて食物の中の炭水化物を分解します。咀嚼により炭水化物は粉々に分離され、さらにαアミラーゼが追い打ちをかけて分解します。しかし、ここですべての炭水化物を完全に分解するわけではありません。この工程を考慮すればよく噛むことが消化、すなわち分解に大きく寄与するので、咀嚼の重要性がわかります。噛むためには歯を保つことはいうまでもありません。

(2) 胃液

胃液にはペプシン、リパーゼ、レンニンがあります。ペプシンは咀嚼によって細かく分断されたタンパク質に対して働き分解します。唾液の場合と同じく咀嚼によりタンパク質を細かく分離しておくことがペプシンの分解効率を高めます。

リパーゼは脂肪に働きかけ軟化して腸における吸収を改善します。主にタンパク質で構成する肉類は脂肪を含有していますから、ペプシンとともに同時に脂肪を分解するわけです。

次にレンニンは乳を分解します。牛乳や一般の乳製品に対して凝固して分解します。

このように胃液中の酵素は互いに助け合って食物を咀嚼した後の分解に寄与します。

(3) 小腸

小腸には数種の重要な酵素が存在しています。それらはアミノペプチターゼ、ジペプチターゼ、ラクターゼ、マルターゼ、スクラーゼです。

アミノペプチターゼはまずタンパク質をアミノ酸が数十個結合したポリポプチドまでに分解します。続いてアミノ酸の結合が数個と少ないジポプチドに分解します。

ラクターゼはラクトースという乳糖を分解してブドウ糖とガラクトースに分解して吸収を良くしてくれます。

マルターゼは麦芽糖を分解してブドウ糖を作ります。同じようにスクラーゼはショ糖を分解します。

(4) 膵臓

膵臓にも数種の酵素が存在して準備しています。膵臓は器官を通じて十二指腸に分泌します。膵臓にはトリプシン、、キモトリプシン、アミラーゼ、リパーゼがあります。

トリプシンは小腸でタンパク質を分解してポリペプチドに分解しましたが、続いてここで吸収できるアミノ酸に変換します。キモトリプシンも同じ役割があります。

アミラーゼは唾液で炭水化物を分解した後、ここでブドウ糖に変換することができます。リパーゼは脂肪酸に変換できます。

膵臓の酵素は唾液、胃液、小腸で行った分解を、さらに確実に体内に吸収できるようにする最終的な役目があります。


このような人体内に備わる酵素は、個人によって酵素の量的あるいは質的にも差異があるはずです。たとえば日本人は乳糖に対しては、欧米人と比較して分解能力が低い傾向があります。それは胃液中のレンニンの量が少ないからで、牛乳を飲むと胃の中がゴロゴロと不調になるとか、重篤になると下痢症状も出てきますが、これはレンニン酵素が少ないからです。

人体内には数多くの酵素が存在するとされていますから、部位あるいは器官内に未発見の酵素とその働きが未解明の点もあるでしょう。


また人が食べる食物は炭水化物、タンパク質の多少、脂肪の有無、そのほかの内容がさまざまです。人体内の酵素はこれらに対して、有効かつ確実に働き分解しなければなりません。健常者はこれらの酵素を十分備えていますが、病気やそのほかの損傷を受けた方には限界が生じる場合がありますから、常に健康を保つようにしなければなりません。

さらに人体は完全に食物を分解して体内に吸収するためには、内部の各器官に備える酵素だけでは限界があります。したがって、人体内の酵素以外に外部から多種多様な酵素を取り入れる必要があります。このことはさまざまな食物を摂り入れて体内に吸収できるように、食物が有する酵素が最も良い状態で能力を発揮できるような食べ方をしなければなりません。

15 酵素が人の健康に及ぼす影響

人体はかって数百種類の酵素を持っているといわれました。しかし、さまざまな研究の結果、最近は実際に2万種類も存在するそうです。それらの主要な酵素と役割については既述しましたから、この項では酵素が人間の健康にどれほど貢献しているかを紹介します。

また人体が持つ各種の酵素以外に外部から摂り入れる素材はどのような性状が有効でしょうか。人体は固有の酵素を有していますが、ビタミンをはじめとして体内で生成することができない栄養素がありますす。そのためには外部からの摂り入れる必要になります。健康を維持し、寿命の延ばすためには絶対的に必要な外部酵素を獲得することです。

(1) 2つの酵素

人体で働く酵素を大別すると2つに分けることができます。それは消化酵素と代謝酵素です。消化酵素は人間が食物を摂り入れたとき、細かく分解し腸内で吸収されやすくする役目があります。その場合、かなり大きい仕事ですから、人体内に存在する酵素だけで働こうとするとフル稼働になりいずれ無理がきます。

もし摂り入れる食物が酵素を多く含むものであれば、その力を利用することが可能で楽になります。栄養がある食物を摂りなさいということがそれでしょう。しかし、栄養があっても酵素が少ないか

人体で働く酵素

まったく存在しない食品もあります。私はそれを「化石食品」と呼んでいますが、甘いお菓子、油で揚げた死んだ食品などです。それらの食品には消化酵素は存在しません。また過食も同様に酵素の働きが行き渡らなくなります。

次に代謝酵素は消化した食物を体内で新陳代謝する役目の酵素です。腸内では栄養の吸収に寄与し、血液を作り骨格を維持し、腸内環境を改善し、新しい酵素を作り、考えたり行動するエネルギーの基となります。これが新陳代謝であり、その働きを代謝酵素が担います。

結局、人体に多くの酵素が存在すると体内のそれぞれの働きが十分正常に進みますから、総合的に免疫力を持つことになります。

ところで多くの酵素は腸内でさまざまな働きをします。腸は第2の脳といわれますが、それは脳や脊髄からすべての重要な指令を発するセロトニンが腸内で95％も作られるからです。腸の活躍が人体の免疫力を左右するといわれてもおかしくないほどです。その腸の働きを活性化するためには、多くの酵素が必要です。

化石食物以外は多種な酵素を持っていますが、特に酵素を多く含有して腸の運動を活発に進める主要な食物を次に紹介します。

（２）酵素を多く含む食品

人体は多くの酵素を持っていますから、種々の食物の摂取に対して効率的に対処して栄養素、ある種のビタミンやミネラル、抗酸化物質などを産出すると同時に、血液、筋肉、内臓、骨格などを作ります。しかし、それだけでは不足であり、また不足したために各種の疾病や慢性病を引き起こすことがあります。それを防止し体内の酵素を応援するためには外部からたくさんの酵素を取り入れることが極めて有効です。それが酵素リッチな食物、すなわち酵素食です。

それではどのような食物が酵素を多く含有しているでしょうか。酵素は生きています。酵素は熱に弱いため、最大限に働きを活かすためには、基本的に生で食べることが有効です。酵素食、酵素リッチの食物の代表的なものに次の４種類があります。

・野菜と果物（いずれも生です）
・穀物と種実
・生肉と生魚と生貝
・発酵食品

16 酵素が豊富にある発酵食品

日本には各地に特有な数多くの発酵食品があります。発酵食品の天国といっても過言ではありません。素材を発酵する際には酵素の力を借りますが、できあがった食品は元の素材に比較して何十倍あるいは何百倍もの有用な成分が現出し、これを摂取するとおいしさだけでなく健康の維持に多大な貢献をします。代表的な発酵食品を紹介します。

(1) 甘酒

米麹で発酵する甘酒は飲む点滴といわれほど栄養分があります。江戸時代は甘酒売りが天秤棒を担いで街中を回り、病弱者、老人や乳幼児が栄養補給していました。甘酒は米麹が主成分ですから、酵素のアミラーゼ、プロテアーゼ、リパーゼを基本に、パントテン酸や乳酸菌など多くの酵素を含有しています。

甘酒は栄養補給のみならず腸内の環境改善に極めて有効で善玉菌を増やし中性脂肪を低下させ、便秘の改善に寄与します。最近は、アトピー性疾患や認知症をはじめとして万病の大きい原因が腸内にあるという報告がありますが、第２の脳といわれる腸にあって善玉菌を増やし環境を改善することが対策になります。

(2) 漬け物

生野菜を塩、糠、醤油、、味噌などに漬け込んだ漬け物には日本独特の伝統的で多様な世界がありま す。国内の至る所に地方独特の漬け物が存在し多彩な味があります。

一般的な野菜の漬け物では、加塩しながら揉み、干した後、樽に漬け込み重石をすると、乳酸菌の働きで香しい漬け物ができます。糠味噌は米糠内の乳酸菌を利用する漬け物で、糠の有効成分と相まって旨みが生じます。漬け物を摂取したときビタミン、ミネラル、乳酸菌などの栄養成分や食物繊維が得られ、悪玉菌を減少するなど腸内環境を改善します。漬け物を購入する場合は、化学添加剤、保存剤、化学調味料などを配合していている場合がありますから、できれば化学添加剤を添加しない自家製で安全な漬け物を作ることをお勧めします。

（3）豆乳ヨーグルト

一般にヨーグルトは牛乳で作ります。牛乳はもともと子牛用の食料で、子牛の成長を促進するために細胞を増殖する成分が含まれ、人間の成人が牛乳を過剰に摂取すると、常時発生するとされるがん細胞の異常な増殖があり、医学界では特に治療中のがん患者に対して牛乳を多量に飲むことは良くないと警鐘を鳴らしています。

一方、ここで推奨したい素材は豆乳です。大豆はドイツで畑の肉と称されるように高タンパクで、コレステロールが皆無であるだけでなく多くの有効成分を含みます。大豆にはレシチンやリノール酸が豊富で、血管を増強します。さらに、サポニンやイソフラボン成分は女性の更年期障害に対しても悪影響を緩和する効果があります。

豆乳で作るヨーグルトは大豆が持つ多種多量な有効成分を活かしながら、乳酸菌で発酵する健康食品です。乳酸菌は最近の研究結果から、多くの種類が発表されて個性豊かな商品を販売しています。動物性ヨーグルトが一般に胃酸で死滅して腸まで届きにくい傾向があるのに対して、豆乳ヨーグルトは植物性ですから乳酸菌のビフィズス菌が死滅しないで腸内まで届いて環境改善や便秘対策に役立ちます。

(4) 納豆

納豆の素材は大豆が素材であり有効成分はリッチで、最も有効な酵素はナットウキナーゼで、血管内の血栓を溶解する働きが顕著です。納豆は夕食に摂取したほうが良いという理由はここにあります。ご飯と一緒に摂ると消化を助け、鶏卵などのタンパク質をよく分解します。

また脂肪を分解するリパーゼを含みますから、揚げ物にも効果があります。大豆自体と比較して、発酵すると多種多量のビタミンやミネラルが増加しますから、発酵食品として極めて有効です。海外の旅行先で手に入りにくい場合は乾燥して粉末化すれば携帯に便利です。

(5) 味噌

味噌は味噌汁以外にも、味噌田楽、サラダなど多様に応用できる素材です。もともと大豆が素材ですから栄養価が高く、戦国時代は味噌を玉(味噌球)にして、戦《いくさ》に向かう武士の重要で不可欠の携帯食でした。ただし塩分が高いことが欠点ですから、レシピで考えなければなりません。

味噌は米を米麹で発酵した後、煮大豆と混合して作りますから麹の酵素も多量あり、仕込んだ後の樽内で発酵し熟成しても菌は生きていて摂取すると健康維持に最適です。硬い豆腐(石豆腐)を味噌に漬け込んだ発酵物は東洋のチーズとも称されています。

第3章

いろいろな微生物が酵素を作る

17 カビは日本の菌の代表

　カビは青い色が餅や腐りかけたミカンの表面に発生くように、身の周りで見られますし、味噌、甘酒やドブロクに使う米麹もカビです。カビの形は頭のように見える頂囊《ちょうのう》が胴部分に当たる分生子柄《ぶんせいしへい》で支えられています。その分生子柄は菌糸上から立ち上がり脚細胞を根にして生えています。頂囊は表面の周囲に梗子《こうし》を介して数ミクロンの大きさのたくさんの胞子が付着しています。菌糸は核を持ち、細胞壁はキチン質とセルロースからなる組織です。

　胞子は生きるための条件に適応し栄養となる餌を得たら芽を出して大きくなり、菌糸を作ったら分生子柄を立ち上げて頂囊ができる、というサイクルに沿ってコロニー（集落）を形成し増殖していきます。米麹を作るときに蒸したうるち米上に種菌（麹カビ）を振ると増殖して米麹ができる過程を見れば理解できます。

　カビを代表する菌は麹菌です。日本の発酵食品には数多く麹菌が使われています。

　カビは日本以外の季節に四季がない国々や地方では自然条件に適応しにくい菌ですが、日本の気候風土にはよく順応して増殖しますから、古くから麹菌を利用した独特の発酵食品が多数生まれました。カビは発酵を促して元の素材を変質すると同時に風味や旨味などを生じます。そこで日本では麹菌を日本醸造協会が主になり国の菌、「国菌」として定めました。

カビの形態

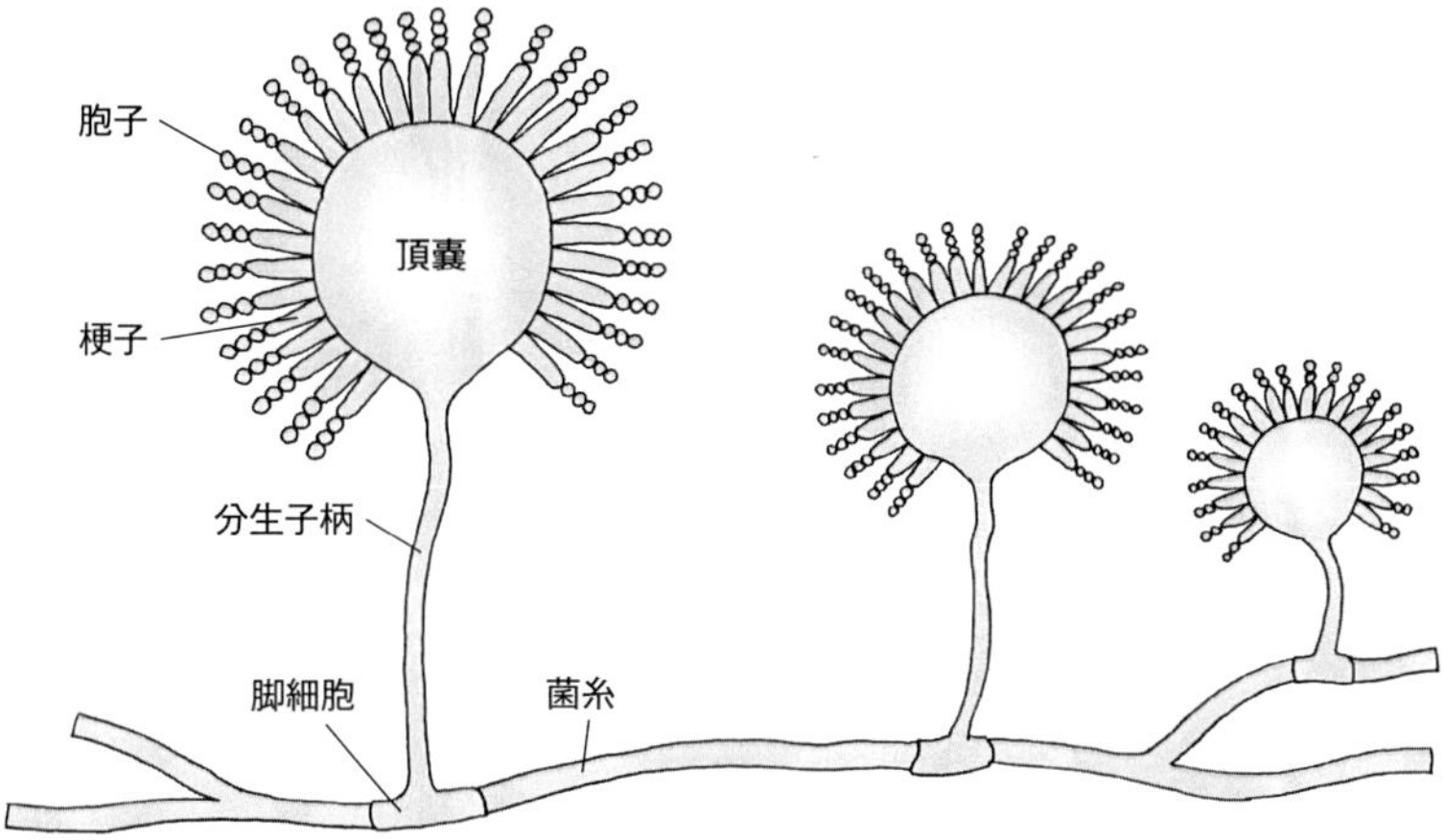

カビの増殖サイクル

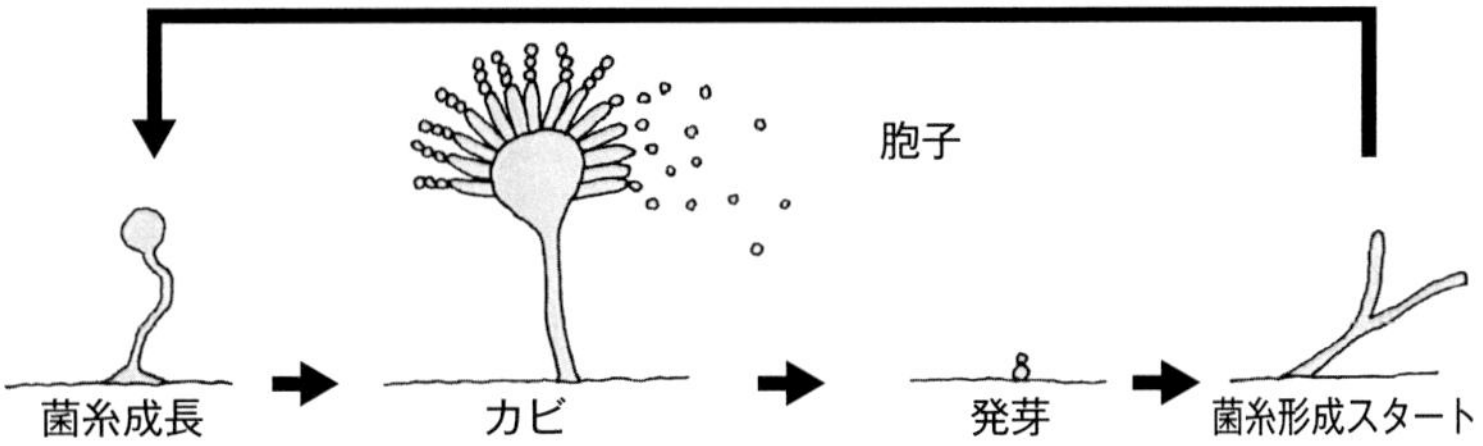

代表的な4つのカビに次のようなものがあります（第1章の4項参照）。

・麹カビ属（Aspergillus、アスペルギルス）

・青カビ属（Penicillium、ペニシリウム）

・毛カビ属（Mucor、ムコール）とクモノスカビ属（Rhizopus、リゾープス）

・モナスクス属（Monascus）

このほかにも多くの実用的なカビがあります。

18 酵母の力を借りたお酒造り

酵母はイースト（菌）といい、植物性細菌でおよそカビと同じかやや小さく、数ミクロンの大きさで眼に見えません。その外形の形状は球形、卵形、楕円形、三角形、糸状形などさまざまです。酵母は体内に芽を持っていて、生育の環境条件が合い、餌があれば芽から新しい酵母が生まれてどんどん増殖します。増殖中に酵母の体内に種々の発酵物を生産し菌体外に分泌します。この分泌物が発酵に大きく寄与します。

酵母の内部は図に示すような構造を持っています。一番外側は細胞壁です。酵母がタンパク質から構成されているように、この細胞壁は高分子物質や高タンパクからなり、外部の刺激や攻撃に強い抵抗性を示します。細胞壁は増殖する際に芽が出た部分（出芽）の痕跡があり、すでに分離増殖した際の誕生痕が残っています。内部には液胞があり、さまざまな酵素や栄養分を豊富に含み重要な役目を持っています。

体内にはミトコンドリアを内包して呼吸機能を司り、エネルギーを貯蔵する機能を持ちます。核は増殖していく過程で遺伝的機能を果たす部分であり染色体を含んでいます。このように見ると酵母は高等生物的な構造から成り立っています。

主な酵母を紹介しましょう。

①サッカロマイセス属（Saccharomyces（以下S））

出芽酵母といわれるS.cerevisiae（セレビシエ）

酵母の構造

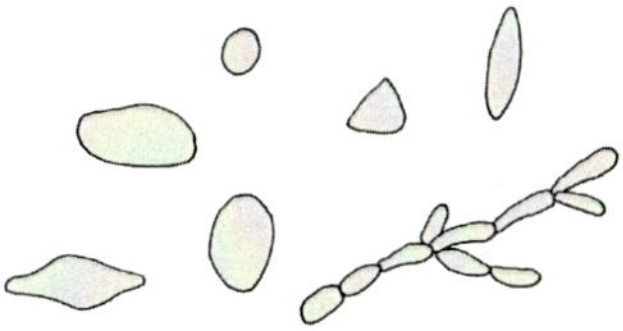

酵母の形状

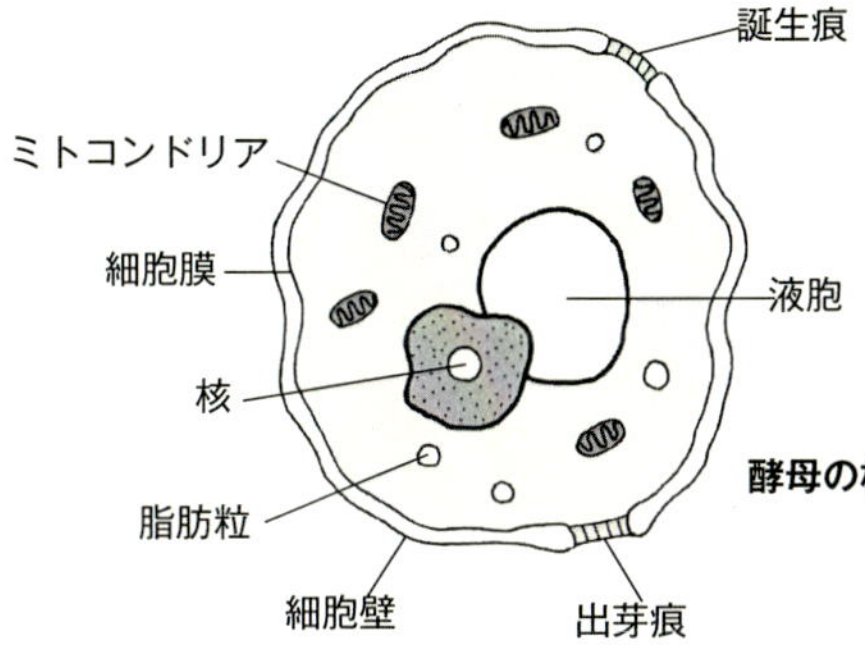

酵母の構造

は醸造用として一般に広く使用する酵母です。広範囲に使用する理由は日本酒、ビールなどの醸造の際にアルコール発酵力が極めて強いためです。出芽酵母はアルコール生成濃度を20％に達成することができます。なお酵母はアルコールを生成したあとはアルコールによって死滅する運命になります。また出芽酵母はパンの製造時に使用するとよく発酵します。

S.rouxxii（ルーキシィ）は高塩下でも発酵でき味噌、醤油の製造に多く利用します。

②カンジダ属（Candida（以下C））

C.utilis（ウチルス）は、廃材やパルプ廃液に対して利用すると家畜用の飼料や核酸に変換できるため、廃棄物の有効利用ができます。

C.lipolytica（リポリチカ）は、石油を餌とする能力を持つため、タンパク質製造に貴重な酵母です。

19 医薬品製造などに脚光を浴びる細菌

細菌は酵母に類似して単細胞の構造ですが、大きさが最も小さく1ミクロン以下で、なかには風邪ウイルスの0・0Xミクロンのサイズもいます。細菌は図のように実にさまざまな形状を示します。

細菌は生育の環境条件が適合すればもちろん増殖します。増殖の仕方は細胞の分裂です。生育できる条件が整えば、細胞1個が2個に分かれ、2個が4個に分裂するという過程を繰り返しながら、ねずみ算式に膨大に増殖していきます。この増殖の形式は分裂法といい、カビと酵母の増殖と比較して非常に急激です。インフルエンザにかかると異常な早さで体調が悪くなるのも細菌の増殖が急速だからです。

細菌の構造は図に示すように酵母に類似していますが、鞭毛という尻尾を有してあちこちに動くことができる点が異なります。細胞壁を持ち、体内に栄養分や核を持つため、増殖時に遺伝的な性質を発揮することができます。細菌の中で代表的な2種類をご紹介します。

（1）乳酸菌

乳酸菌（たとえばLactobacillus、Lactococcusなど）は、さまざまな形があり400種類以上が発見されています。乳酸菌は発酵の際に糖を餌にして増殖し、乳酸を作り出します。乳酸発酵品がやや酸っぱい味がする理由はこれです。乳酸菌も実に多くの種類と特徴を持っています。発酵すると乳酸が

細菌の構造と形状

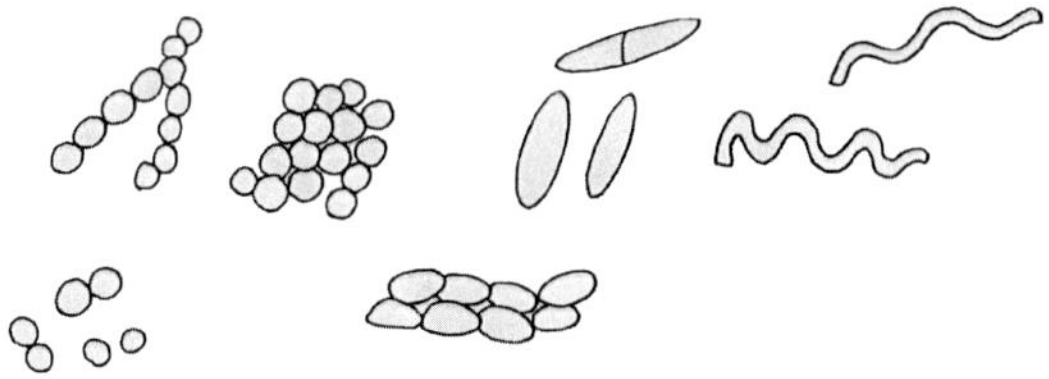

細胞の形状

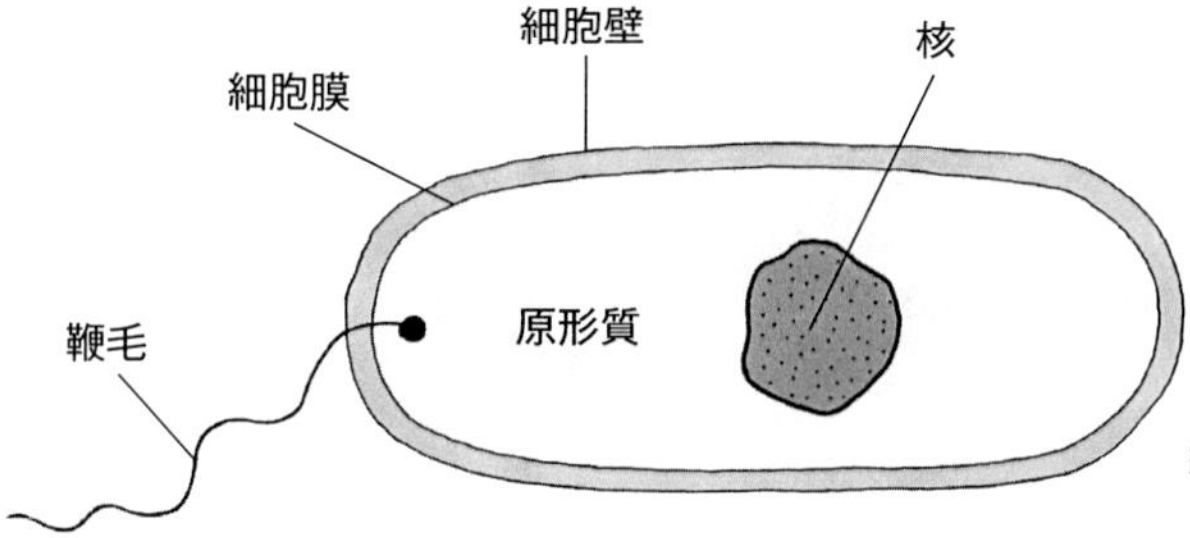

細菌の構造

PHを下げるため、同時に存在するほかの細菌を死滅する力が生じますから、できあがった発酵食品は腐敗しにくく、保存性に優れ良好な安全性が得られます。乳酸菌を食べると人間の体内で腸が活性化し、免疫力を向上する働きをします。代表的な食品はヨーグルト、納豆、酢、漬け物などです。

（2）酢酸菌

酢酸菌（たとえばAcetobacter aceti）は、アルコールを酸化して酢酸に変換する菌です。食品内にアルコールが存在して発酵の条件が揃うと、さらに発酵が進み酢酸を作ります。この酢酸はクエン酸や有機酸など多種の酸を含有しますから、栄養上も優れた食品になります。各種の酸は健康上、疲労回復に寄与し、血圧の安定化や血糖の制御にも貢献してくれます。代表的な食品は酢、ワインビネガー、りんご酢、黒酢などです。

20 麹菌の種類と働き

麹菌（Aspergillus族）はカビの一種です。麹菌の働きは非常に優秀で多くの酵素を持っています。麹菌の働きは物質（ここでは素材）を分解する力が非常に大きいのです。米、麦、大豆、野菜、果物に含有するデンプンやタンパク質を分解し、元の素材とまったく異なる物質に変換する力を持っています。この変換した物質はアミノ酸、ブドウ糖、各種の有機酸などで、人間にとっては誠に有益な成分です。この分解と変換は麹菌が持つ酵素の活動力によるものですが、麹菌は実に１００種類以上といわれるほどさまざまな酵素を持っています。

それらの酵素の代表例をあげると、ご飯を食べたときにアミラーゼが作用して糖に変え、肉を食べたらプロテアーゼがアミノ酸やペプチド（アミノ酸が数個つながったもの）に変えてくれます。デンプン分解酵素にはα—アミラーゼ、グルコアミラーゼ、α—グルコシダーゼなどがあり、タンパク質分解酵素で有名な種類はほかにカルボキシペプチダーゼ、アミノペプチダーゼなどです。油脂成分は麹菌が分解酵素のリパーゼを産出し、脂肪酸とグリセリンに分解します。

この過程は代表例として鰹節作りに顕著に見ることができます。鰹（生魚）が持っている油脂成分は鰹節の発酵過程において分解酵素の働きですべて消失して、旨味成分に変わり水分も皆無になります。

麹菌の分解と物質の変換作用を促進するために

は、十分に活性化する条件が必要です。PHがやや低い（PH7未満の微酸性）条件で、温度は25～30℃のとき適正に活性化しますが、その温度を超えると働きが徐々に低下し、50℃を超える高温では死滅して酵素だけが作用することになりますが、60℃以上ではその効果もなくなります。これが失活です。

麹菌が作用して変換する物質は糖、アミノ酸、無機塩類（ミネラル）があり、ミネラルからビタミン、有機酸を生じます。糖はご飯をよく噛み続けたら口の中で甘くなりますが、これは米のデンプンが糖に変換したためです。アミノ酸は旨味の元であり、肉などのタンパク質が旨味に変わった成分です。

このように麹菌は不思議で、新たに素晴らしい成分や物質を生み出す力を持っています。実際、味噌、醤油などは麹菌の作用で糖やアミノ酸に変わりながら乳酸菌が作用して発酵を並行的に進め、酵母によりアルコールを作る過程を取ります。すなわち乳酸菌は変換した物質を餌にして乳酸を生じ、酵母が乳酸の酸性下で活性化して新たな有機酸やビタミンを産出じて風味、旨味、栄養成分を生み出してくれます。味噌や醤油の風味や旨さは麹菌、乳酸菌、酵母が一緒に共同作業してできた結果です。

麹菌はいくつかの種類があり酵素の種類も多様ですが、増殖の条件の違いにもより分解力や生産力が異なります。これを酵素活性といいます。しかし、いずれの麹菌も多くの酵素を保有しています。よって麹菌が活性化する条件や酵素の生産力の違いにより、使用を選択しています。

麹菌には一般に白麹、黄麹、黒麹、紅麹を利用しています。それらの特徴は第1章で触れましたが、詳細を表に示します。

ほかには鰹節用に使用する特殊な麹などがありま

すが省略します。

①白麹　oryzae Cohn（ニホンコウジカビ）

　デンプンをブドウ糖に変換する糖化力が強く、日本酒、甘酒、みりんの製造に使用。

②黄麹　sojae Sakaguchi & Yamada（ショウユコウジカビ）

　デンプンをアミノ酸に変える力が強いため、味噌、醤油に使用。

③黒麹　awamori Nakazawa（アワモリコウジカビ）

　黒い胞子を持つため黒色の麹で、デンプンをブドウ糖に変換する力が非常に強く、クエン酸を生じて酸っぱさを出します。ＰＨが低いため雑菌の繁殖を防止することができ、気温が高い条件でも容易に繁殖するため、これらの利点から沖縄の泡盛や鹿児島の芋焼酎の製造に適するため多用しています。またクエン酸とアミノ酸が豊富に産出するため、黒酢の製造にも合い健康飲料として需要が伸びています。

④紅麹　monascus purpureus（ベニコウジカビ）

　モナスコス色素という赤色が鮮やかな麹であるため、天然色素として色付けに用いられています。沖縄名産の豆腐ようはこれを使用して豆腐の白色を鮮やかな色調に染めています。麹の糖化力はやや弱いため条件により繁殖が制限されます。中国では紅酒に使っています。

　モナスコス成分はコレステロールを下げるモナコリンを含有しています。

21 食品などの安全性を目指す腐敗防止

食品の腐敗は細菌、カビ、酵母などの微生物が主に有機物やタンパク質を分解して変質して分解する際に、刺激的な硫化水素やアンモニアガスなどの悪臭を発生することを示します。腐敗と発酵は微生物の活動が進行する点においては同じ現象であり違いはありません。腐敗の定義は人間が主体になって判断するとき、無害性、有益性を基準にして勝手な線引きをしたに過ぎないことになります。たとえば伊豆七島の新島特産の「くさや」はアンモニアガスの異臭が強く万人が好む香りではありませんが、食用としては無害で旨い珍品ですから有益であるとして腐敗品には定めていません。

人間の食用においては腐敗を食物が腐ると表現しますが、このとき生成する物質が有毒性の場合もあり、これを食すると中毒を引き起こしたり疾病や死亡の原因にもなるときは明らかに腐敗になります。

腐敗が生じる条件は素材の種類と状況、温度、湿度、酸度など多くの要因によります。そこで食品を含む多くの発酵産業は人間の有益性を基準にして、腐敗を除外した過程を確保して発酵を進めることになります。

さまざまな細菌とカビに起因する食中毒がありますが、食品は素材の使用法や発酵方法、また流通、保存など取り扱いの間に微生物が好む環境や条件が生じたときに増殖して毒素を産出して腐敗に至ります。そこで、腐敗の過程を遮断して微生物を死滅させるか、あるいは増殖を防止しなければなりません。人類は自己の食を守るために古くから試行錯誤し自然的に経験を繰り返し、叡智を出し合っていろいろな手法を取り、改善して習慣的に腐敗を防止する基礎を築いてきました。

腐敗を防止する基本的な方法は第1にカビと細菌の特性を把握することが必携です。すなわちカビや細菌の性質を理解して、生育と増殖の条件に歯止めをかけることであり、それらの方法はさまざまな対策をとることにより、十分で安全な発酵食品を摂ることが可能になります。

（1）好気性を利用する

微生物は生育のために酸素を必要とする種類があります。好気性の微生物は基質が含有する糖と脂質を餌にして酸素を利用して酸化代謝し、エネルギーを得て変質しながら増殖します。

そこで生育と増殖を止めるためにはこれらの微生物から酸素を遮断することです。遮断に採用する対策は基質の表面が空気と触れないように覆う（コートする）方法があります。この場合、コート材は空気が通過しない性質が必要です。簡単に利用できる対策は基質を入れる容器や包装内を真空にすることで、容器と包装材は空気が通過しない材質が必要です。真空にするための機器には真空シール器があります。真空にする作業では、基質の種類によって真空度を選択します。

真空の方法以外に容器内に酸化（あるいは化合）しない窒素やアルゴンガスの封入方法も可能です。確実にするには容器内だけでなく、対象の素材や食品の内部の空気が残存しないことがポイントです。不確実なときは袋や容器内で腐敗が進行しますが、進むと腐敗のガスが出て袋や容器を膨張します。

(2) 嫌気性を利用する

嫌気性を好む微生物は空気中に暴露したときに生育を阻害する種類ですが、空気中でも生きながらえる種類と、死滅してしまう種類があります。乳酸発酵やアルコール発酵は空気が存在しても支障がありません。ほかには柿渋製造時に発生するプロピオン酸発酵や酪酸発酵も同様です。

以前、辛し蓮根を食べた人が亡くなる事件がありました。メーカーが素材の蓮根を不完全に洗浄していたため土壌中にすむボツリヌス菌が残存し、保存中に菌が増殖した経緯が原因でした。ボツリヌス菌は生物兵器に使用されるほど強力であり、１００℃でも６時間加熱してやっと菌株が不活性化します。芽胞を死滅するためには１２０～１４０℃の加熱が必要です。ボツリヌス菌は酸素がない環境でも生きる性質があります。

酸素が微量存在すると完全に死滅する微生物に対しては、酸素を封入して腐敗から防止することが可能です。これを利用する例に、使用済の排水を浄化する活性汚泥法の脱窒を行う嫌気槽は、空気を遮断して排水中の有機物質の発酵を進めて変質させ、固液を分離して除去しています。

(3) 酸を利用する

腐敗に関して酸を利用することが可能です。酸はＰＨが７未満で、その環境で生育できないか死滅する微生物に対して採る方法です。食品では酢があります。酢はＰＨが３～３・５ですから、酢酸発酵して製造した酢はこのＰＨで腐敗しませんし、この酢酸が持つ低いＰＨを利用することが可能です。低ＰＨと塩などほかの混合物と合わせて相乗的な効果を得るように操作できます。

食品に利用する酸には、クエン酸、乳酸、酢、果実酢（梅、レモン、柚子、ダイダイ）があります。それらを添加した加工品ではマヨネーズ、ケチャップなどが広く普及していますし、料理では酢の物、寿司、梅干し、漬け物があります。酢の物と寿司は酢を添加した食物ですが、梅干しは果実が持つ成分を利用した代表的な素材です。梅を利用した多くの商品があり、整腸剤としても効果があるといわれています。漬け物は乳酸が発酵してＰＨを低下する効果を利用する例になります。

酸を利用して腐敗を防止

（４）アルカリを利用する

アルカリ性を利用する対策があります。鹿児島ではハレの日に作る伝統的な郷土料理の「あくまき」があります。あくまきは酸の利用と対照的にＰＨ７を超える条件で作ります。あくまきは、洗ったもち米を木灰水《もくはいすい》に滲出《しんしゅつ》してろ過した灰汁《あく》の中に１日漬けます。もち米はざるで水切りした後に、孟宗竹の皮に円筒形に包み込んで入れ、こぼれないように竹の皮を結んで蒸籠で蒸した一種のちまきであり、非常に稀なアルカリ食品の１つです。あくまきは独特の強い風味があり、もち米の旨味が優れています。木灰の灰汁は炭酸ナトリウムと炭酸カリウム成分を高い濃度で含有していますし、灰汁はもともとＰＨが高いため、微生物の生育を遮断することができて保存が確実に可能です。

アルカリ性を利用する食品は数少なく稀ですが、熊本銘産の地酒の「赤酒」は日本酒の醸造過程でもろみの中に灰を投入します。これを灰持酒といい、紅色を呈して甘く防腐と保存に優れた効果があります。赤酒はお正月のおとそとして飲むだけでなく、通常はみりんの高級な代替調味剤に利用できます。

鶏卵などを生のまま土中に埋めて発酵した「ピータン」もアルカリ性を利用して腐敗を防止した食品です。

(5) 化学物質を利用する

最近の加工食品は驚くほど多種の化学物質を食品の保存剤として添加しています。これらの種類と量は添加の基準を定めて規則化しています。腐敗防止に化学物質を添加する方法は製造側として薬剤の単価が安いことや、添加する製造工程が容易であること、効果が広く認められていることなどから確実に微生物の生育や増殖を遮断できます。

たとえばワインは通常メタカリ（メタ亜硫酸カリウム）と称する薬剤を添加しています。この化学物質はすでに欧州で何十年も前から使用してきた実績があり、添加基準内であれば健康被害はないから大丈夫でしょう。しかし、防腐のために安易に化学物質を添加する行為は考えなければなりません。

一般に広く多用している化学物質を紹介します。

安息香酸：芳香族カルボン酸でエステルの芳香を持つ化合物です。安息香酸ナトリウムは菌を死滅させる効果が優れているため、多種のドリンクやシロップに添加します。日本では、アメリカで使用禁止のマーガリンや醤油にも混合しています。注意する点は過剰に摂ると運動弊害、痙攣、喘息、アレルギーを引き起すことです。

ソルビン酸：この成分はナナカマドの未熟果実から抽出した経緯がありますが、現在は工業的に製造する不飽和脂肪酸の合成保存料です。カビ、細菌に対して静菌効果を示し、特に低ＰＨでは抗菌力が強力です。一般に清涼飲料水、ジュース、雑酒、ワイン、ハム・ソーセージ、練り物、ポタージュ、スープ、ケチャップ、シュークリーム、大福餅などのお菓子類、醤油、漬け物、佃煮などに広く使用しています。摂食に敏感な人であれば、じん麻疹、喘息、皮膚疾患、花粉症、鼻炎、扁桃腺炎などのアレルギー性疾患を生じますし、発がん性に対しても従前から疑われています。特に亜硝酸塩との相乗添加あるいは食べ合わせが、体内でＤＮＡや染色体を損傷する突然変異を起こす変異原性物質を作るとされていて恐れられています。

デヒドロ酢酸ナトリウム：デヒドロ酢酸は水溶性改善のためにナトリウム化合物として広範囲に添加使用している防菌・防カビ剤です。アメリカではカボチャの種子を防カビする以外の使用を禁止していますが、日本ではマーガリン、バターのほか、イチゴ、メロン、カボチャなど生鮮野菜類に噴霧して保存性を高め、漬け物にも多く使用しています。

ポリリン酸ナトリウム：保水性が良いためミートボールや練り製品の結着や色調保持に使用します。一部の洗剤にも使っています。毒性は嘔吐、腸管を刺激して下痢を起こす症状や、腎臓結石も発症するとされています。

アスパルテーム：人工甘味料でショ糖の数百倍の甘味を持つ物質です。動物実験により発がん性があるという研究結果がありますが、正式に確認されていません。フェニルケトン尿症に悪影響があるとされていますが、今後、諸症状への解明の余地があります。

ＢＨＴ：有機化合物のジブチルヒドロキシトルエンであり、広い分野に使用していますが、食品に対しては強い抗酸化性、色調保持、風味の維持に良い効果を示します。発がん性の報告はありませんが、変異原性はあります。

食品の保存、防腐　効果を得る化学物質に関してはほかにも多くあり、その効果や弊害などもあります。

（６）温度を利用する

温度を制御して微生物の生育と繁殖を遮断する方法は、製造の現場あるいは家庭でも容易に行っています。戦後の高度成長期に普及した三種の神器の１つである冷蔵庫は、家庭では当たり前に設置し利用しています。多くの微生物は冷凍すると生きていても繁殖はできません。これは微生物の細胞が冷凍によって拘束されるか、破壊されるためです。気をつけることは解凍したあと食べるまでの時間差を少なくし、増殖の余地をなくすことです。

雪国ではキャベツ、白菜、人参などの野菜類を自然の冷凍庫、すなわち雪の中に埋めたまま栽培しています。目的の第１は保存ですが、野菜類が低温で生きるために、自己酵素を活性化してデンプンを糖に変えて甘みを増加してくれますから、素材としては一石二鳥の恩恵が得られます。同じように鹿児島ではジャガイモやサツマイモなどイモ類を土の中に窯を作って入れて断熱し、恒温で秋から春まで長期に保存しています。

冷蔵や冷凍に対して食品を加熱することは、多くの微生物を死滅させるため極めて有効です。しかし、微生物は加熱後の冷却時に再び繁殖しますから、同じように温度変化の過程でも注意します。また、短い加熱だと死滅しない微生物がいますので、注意も必要です。

（7）糖を利用する

微生物が高濃度の糖内では繁殖しにくいことを利用する方法です。シロップやジュースなどの飲料水あるいはお菓子類を例にすると、糖度が52〜53％を超える条件を設定し製造しています。この場合、水溶性であれば常温（20℃）で水100gに対して糖の溶解度は約190gです。

高濃度の糖で、微生物の増殖を抑えている具体的な事例としては、砂糖菓子、果実類の砂糖漬け、蜂蜜漬けなどがあります。

一般に蜂蜜を加工食品に添加したとき、優れた防腐効果を示します。シロップ、果物の加工品、魚介類の練り物、佃煮などに試験した経緯がありますが、微量の添加でも長期保存に耐えますからトライしてみてください。

（8）塩を利用する

塩を利用する塩蔵があります。高濃度の塩分を含む食品には味噌、醤油があります。常温条件では20％含塩したときに微生物の繁殖を止めることが可能です。しかし、これでは健康上の弊害が生じますから、塩分を減少した食品が流通しています。その対策のためには自然の方法で香辛剤を添加することや、化学物質による保存料を添加する必要がありま す。味噌や醤油に化学物質を入れている食品が多くなりました。

塩蔵して保存する食品は多くの種類がありますが、たとえばワカメを長期保存するために灰に塩を混合してまぶし、塩が水分を脱水する性質を兼ねた塩蔵があります。古くは野獣を狩猟したあとに塩蔵することも行っていました。ドイツの代表的な伝統のアイスバインは豚の腿を塩蔵して長期に保存し、食べる際は塩抜きして蒸します。

また、鮭のほか、鱈、鯖、にしんなどの魚は豊漁時などに塩漬けして保存しますし、それだけにとどまらず、旨味を出すためにさらに麹で発酵した食品もあります。

（9）アルコールを利用する

食品をアルコール漬けする方法は微生物が侵入する余地がありません。もちろんアルコールは高い濃度が必要です。梅酒を代表とする果実酒や、薬草は焼酎漬けしますし、実際にマムシ、朝鮮人参もその方法を採っています。

アルコールに漬けることは食品の保存以外に、素材からアルコールに滲出する成分を得る目的もあります。なお、アルコールは食品卸業者が食品添加用（60～87％）として1斗缶入りで安価に市販していますから、大量に漬けるときは便利です。

（10）油脂を利用する

アルコール漬けほどの効果は少なく食品の例も多くありませんが、油脂に漬ける方法も可能です。ただし、注意することは素材が持っている酵素を蒸煮などで失活しておく必要があります。そのまま漬けたときは自己消化して油脂内で腐敗が生じるからです。例としてはオイルサーディンがあります。

（11）乾燥を利用する

微生物の多くの種類は食品内の水分活性が高いときに繁殖します。食品は内部にタンパク質など組織と結合した結合水と、単独で遊離した自由水があり、これを水分活性と称します。微生物はこの自由水利用して増殖するからです。そこで食品の自由水を少なくして腐敗を防止することができます。上述したいくつかの対策はこの水分活性を低下することでした。つまり、水分活性を低下させ方法には、塩蔵、加糖、乾燥、燻製などがあります。

乾燥は古くから多くの素材や食品に利用してきました。天日干しは天然のエネルギーを利用でき簡単な方法です。米、麦など穀類は多くを乾燥して保管し、魚の干物、干し肉、乾燥果実も多種類があります。納豆を乾燥して携帯する工夫もあります。

現在、野菜の乾燥がブームになっています。乾燥によって保存が可能になりますから、農業では収穫したときに大量を保存できますし、消費者は乾燥によって成分の凝縮と旨味の増加を期待できます。野菜では乾燥シイタケ、乾燥人参やゴボウ、切干大根、乾燥ホウレンソウ、乾燥トマトなどが代表的な素材です。果物はドライフルーツとしても乾燥品が多く出回るようになり、日本ではイチジク、干し柿は伝統的な品であり、中国では乾燥したサンザシ、枸杞、ナツメなど、東南アジアでは乾燥バナナ、乾

果物も乾燥させて、長期保存が可能に

燥パイナップルが豊富です。

魚介類の乾燥品の第1は鰹節でしょう。鰹節は完全に乾燥して極めて硬い生地ができあがります。魚介類はイカがスルメ、タコは干しダコ、トビウオがアゴ、鯵や鯖など多くの魚を天日乾燥して干物にします。特殊な伝統干物はクサヤです。

このように保存を目的にし、付随して生じる効果を得る乾燥は製造時の経費を安くできます。

(12) 表面の改質による

素材の表面を改質して保存する方法があります。たとえば燻製があります。燻製は乾燥すると同時に表面部を改質して保存を可能にする方法です。表面は燻製によってミクロ的に煤《すす》が付着します。煤は炭の一種です。炭は滅菌と防腐に対して強い抵抗を持ちますから、煤が表面に付着することは保存にとって極めて有効で煤の防腐効果が得られます。また燻製は殺菌と防腐のほかに旨味や風味を得ることができますから、燻製に使用する木質は香り成分を含有するサクラやリンゴの材木を用います。燻製には熱燻や冷燻などさまざまな手法があり、一般にベーコン、サラミ、ソーセージの燻製商品を販売しています。イギリスは伝統食品のニシンの燻製が有名です。ヨーロッパではチーズや生肉を燻製しています。魚や生肉を使い、その表面を塩麹で塗布したあと加熱して表面層を変質させながら、同時に内部の水分を減少させることもできます。

(13) 植物の抗酸化や防腐物質を利用する

古くから生鮮食品に植物の特性を活かして防腐する技術を利用していました。たとえば生鮮魚介類は容器内に一緒に檜《ひのき》の葉を入れて防腐を遅らせることができます。これは檜が芳香族化合物のヒノキチオールが抗菌性を持つためです。同様な働きをする植物にクマ笹があります。富山の伝統食品の鱒寿司は容器内の寿司を笹で覆っています。柿の葉を使った柿の葉寿司も同じです。お祝いで食べる赤飯を重箱に詰めたときに上に南天の葉を載せていました。南天の葉にはシアン化合物が含まれていて猛毒ですが、これは単なる飾りではなく、少量であれば食品の防腐ができますし、もし胃腸が悪くなればこの南天の葉をお使いくださいという意志を示す古くからの慣習があります。

このように日本人は昔から自然の植物の性質を活かして有効な対応を進めてきました。同じようにインドネシアではバナナの葉の抗菌効果を利用して食品を包み保存する習慣があります。

植物の葉以外に植物そのものの特性を活かす例ではスパイスやハーブを利用する方法があります。たとえば古代エジプトでミイラを保存するときに、アニス、クミン、シナモンを使って腐敗を防止しましたし、ツタンカーメンの墓からはガーリックが発見されています。スパイスだけでも世界中に700を超えるさまざまな種類があるとされ、多くのレシピに有効に利用されています。

日本で古くから腐敗防止に使用した素材は、唐辛子、胡椒、ワサビ、辛子、ニンニク、ショウガ、山椒があります。これらは強力な防腐効果を示しますから、料理以外に保存対策としてダイレクトに利用することができます。

このように素材や食品の腐敗を防止するために、古くから人間は知恵を活かしてさまざまな方策を採ってきました。腐敗はカビや細菌との戦いであるかもしれないですが、しかし特性を理解して柔軟な対応を図れば可能になります。腐敗の特性に合わせた対策を、使用条件により選択して採用されることを望みます。

第4章

伝統的な
発酵食品と酵素

22 酒の種類と働き

——醸造酒、蒸留酒、リキュール

一口に酒と言ってもその種類はさまざまです。酒を製造方法から大分類すると、醸造酒、蒸留酒、リキュールの3種類に分けることができます。

(1) 醸造酒

醸造酒は原料（穀物が多い）のデンプンを糖化して糖に変換し、そのあと酵母の力で糖を発酵してアルコールを造ります。糖化とアルコール変換は同時並行的に進みます。醸造酒は日本酒（清酒）、ビール、ワインなど多くの種類があります。醸造酒のアルコール濃度はおよそ数度から20度以下になります。これ以上高くならない理由は酵母がアルコールを生成するとき、濃度が高くなると自ら死滅してしまい、それ以上に糖をアルコールに変換することに限度があるからです。

酒の中には原料のデンプンによって糖化したあと残存する糖（残糖）やタンパク成分が酵素分解してできたアミノ酸、各種のミネラルが多く含まれるため、原料の風味が顕著に残ります。醸造酒は長期に保管するときは火入れ（80℃程度で加熱）して酵母を殺し、発酵を止めます。発酵を止める目的はアルコールに酢酸菌が作用すると酢に変わってしまうためです。

(2) 蒸留酒

できあがった醸造酒を加熱すると、沸点の低いアルコール分が蒸発します。その蒸気を採取して冷却するとアルコールだけ（一部有機酸やエステルを含む）の濃度が高い酒を得ることができます。これが蒸留酒です。蒸留酒を造るためには、蒸留装置が必要です。

得られるアルコール濃度は95度に達する酒もあります。蒸留後は腐敗することなく長期に保管できますから、木樽や瓶に入れて熟成するとアルコールの強い刺激が消失して味がまろやかになります。数年あるいは数十年も熟成すると古酒になります。ウイスキー、ブランデーなどがこれにあたります。

(3) リキュール

リキュールは醸造酒あるいは蒸留酒をベースにして、人工的に糖度やアルコール濃度を高めたものです。アルコールは植物や実の中の含有成分を抽出する力があります。これは実の中の各成分がアルコールに溶け出す現象があるからです。

蒸留酒に果実、薬草（葉、根、茎）、花弁などを投入すると、物質が含有する特有の香気、色、薬用成分など有効な成分が容易に溶出し、さまざまな可食固形品の有効成分だけを蒸留酒中に浸漬して抽出します。梅酒、チェリーブランデーなどもこの種類です。多種多様なリキュールが存在し、市販されていますし、また自家製でも独自な酒を造ることができます。

(4) 酒の働き

世界中の民族の歴史を紐解くと地域の自然条件に応じて、土地に合致する酒造りを開発して特有な酒を生んでいることに驚かざるを得ません。

有史初期に人類は自然に採取できる木の実や植物の実を使用して酒を造っています。その後、穀物生産が行われると穀物の酒を発明します。穀物酒は人

お酒の分類

醸造酒	日本酒、ワイン、ビール、シードル、ペリー、紹興酒、マッコリ、馬乳酒
蒸留酒	焼酎、泡盛、ウイスキー、ブランデー、ウォッカ、ジン、ラム、テキーラ、アラック
リキュール	梅酒、キュラソー、カシス、アブサン、シャルトリューズ、アマレット、カンパリ、アドヴォガード

類史の中で醸造技術を応用した偉大な発明です。

酒の主成分のアルコールは、糖を酵母の力により発酵させた結果です。そのため穀物の中に含有するデンプンを糖に変換する工程を経る必要があります。糖を含有する物質であればデンプンを糖に変換する必要はなく、酵母を利用して糖から直接的にアルコールを製造することが可能です。その物質はたとえば砂糖を工業的に生産したあとに残る糖蜜があります。穀物を利用したあとの廃液にデンプンが残れば、それを糖に変えてアルコール発酵することも可能です。

穀物に含有するデンプンを糖に変換すると、糖は甘い物質ですから甘酒のようにおいしい飲料水になり、栄養的にも優れた発酵食品ができあがります。酒は飲用以外にも利用されました。アルコールが外傷を殺菌することが分かったからです。江戸時代には酒で刀傷を洗って治療に使っています。

このようにアルコールを生成することは、医薬品、化学品や燃料として有効利用できることになります。現在では、ブラジルでサトウキビからアルコールを生産して代替ガソリンとして使用する例もありますし、日本でも竹からアルコールを製造する研究と実用化試験を行っています。

醸造酒は長期の保存に限界があります。そのため

飲酒後のアルコールの変化

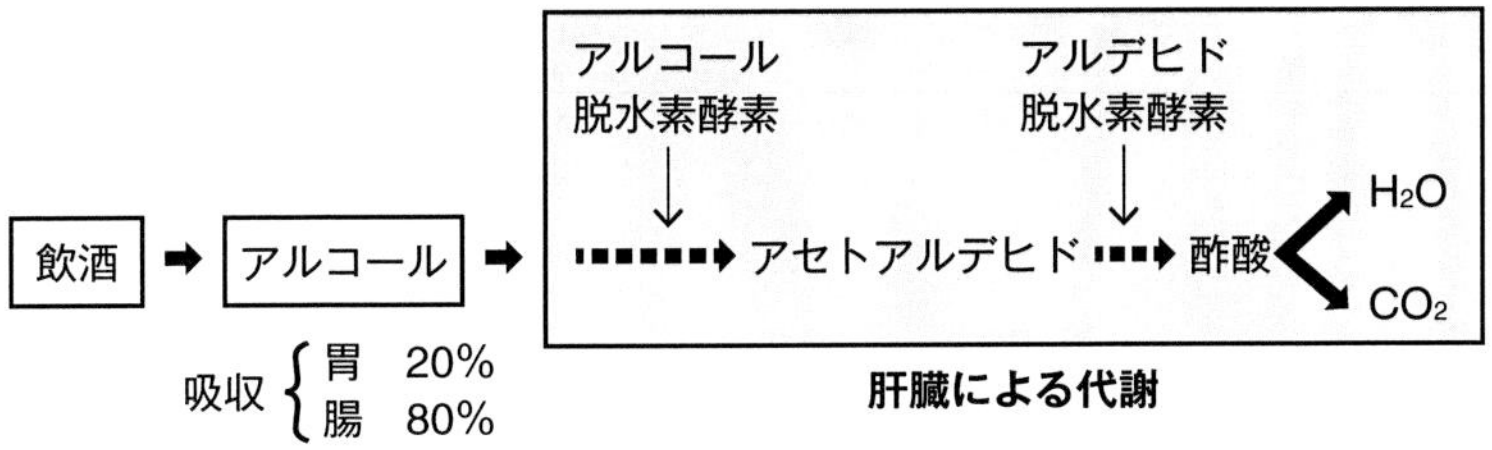

醸造酒からアルコールだけを取り出す蒸留法を発明して蒸留酒を造り上げたことは画期的なことでした。蒸留酒はアルコール濃度が高いため、微生物に対して殺菌作用があり、腐敗に耐えて長期保存ができます。蒸留酒の発明により酒の多様化が進み、製造が飛躍的に拡大し、飲料としての酒の用途以外に多くの分野に貢献することができました。

多くの人は自身のアルコール分解能力を超える量のお酒を飲むと二日酔いになります。体内でアルコールを分解する場合、中間物質であるアセトアルデヒドが作られます。アセトアルデヒドを分解できなければ、体内に残ります。このアセトアルデヒドは毒性が強く、二日酔いの原因と考えられています。くれぐれも飲み過ぎにはご注意を。

23 日本酒が醸す味

日本酒は清酒とも称します。甘酒との差異は、甘酒がデンプンを糖化したままの飲み物であるのに対して、日本酒は米のデンプンを糖化しながら、酵母の働きで同時にアルコール発酵します。すなわち麹の酵素を利用しながら、酵母が並行して糖をアルコール発酵する工程になります。

酒蔵には酒蔵内の至る所にその酵母がすみ着いていますから、決まった酵母の特性が酒に醸《かも》されることになります。よってどのよな酵母を使うかにより、日本酒の味、コク、旨味などが変化しますから独自性があり、これが日本酒の多種多様な種類の広がりをみせることになります。酒蔵の数以上に多くの独特の酒が製造されるわけです。

国内の多くの酒蔵が製造する日本酒には独特の差別化された多種多様な味の酒があります。例として、パンに使用する酵母菌はドライイーストを使います。しかし、自然に存在する酵母菌や野生の酵母菌を使うことも可能です。比較すると味が異なることがわかります。日本酒も同じで、ドライイーストでも野生の酵母でも酵母菌として使えるのです。

新しい酵母菌を発見したときは、酵母の力が強ければその酵母菌を培養して使うことができ、新たな味の酒が生まれることになります。たとえば十数年前には桜の花にすみ着いた酵母を使って、花の香り豊かな日本酒が生まれています。新規の酵母を発展させて応用する楽しみがあります。

日本酒の作り方は蒸した米の上に米麹を添加し、同時に酒蔵専用の酵母を入れます。すなわち国内に数百箇所ある酒蔵は社外秘ともいえる酒蔵にすみついた独特の酵母を所有しています。したがって新たに酵母を添加する必要はないのですが、確実性を得るために入れています。酵母は日本では財務省管轄の醸造機関が名前と番号を付けて登録し、その販売は酒造業者および研究所向けのみに限られていて、個人が購入することはできません。これは密造を防止し、効果的に酒税を徴収するためです。

日本酒の発酵を詳述すると、日本酒に使用する白麹は米を糖化する米麹を使用します。米が麹によるαアミラーゼで糖化したときはすっきりした旨味が生じます。まず麹菌が増殖しやすい米の種類（代表品種は山田錦）を選び、まず米麹を作ります。また米は表面近傍にタンパク質が多いため、前もって精米度を上げてこれを除去してデンプンの濃度を上げています。こうすることで発酵するときに生じるタンパク質由来のアミノ酸を除外し、日本酒のアルコールを純化しています。すなわち麹で発酵したときに純粋に近い糖ができますから、これが吟醸酒を作る方法になります。米の精米度を上げることが吟醸、大吟醸を作る要因です。ちなみに精米度が50％を超えるとき大吟醸酒、60～70％では吟醸酒、70％以下では本醸造酒と区別しています。

米の精米度が低くてタンパク質が残存すると麹菌がアミノ酸や有機酸に変換しますから、旨味成分が混じった酒になります。戦後しばらくは日本酒を特級酒、1級酒、2級酒に分けていました。後者になるに従いおおむね吟醸酒から離れます。しかし、むしろ純粋なアルコール以外の成分が含有されていると独特の旨味や多種な酸を含みますから、酒通は味が複雑な低い精米度で醸造する酒を懐かしみ、少なからず好む人がいます。いわゆる日本酒の吟醸酒離

日本酒造りの工程

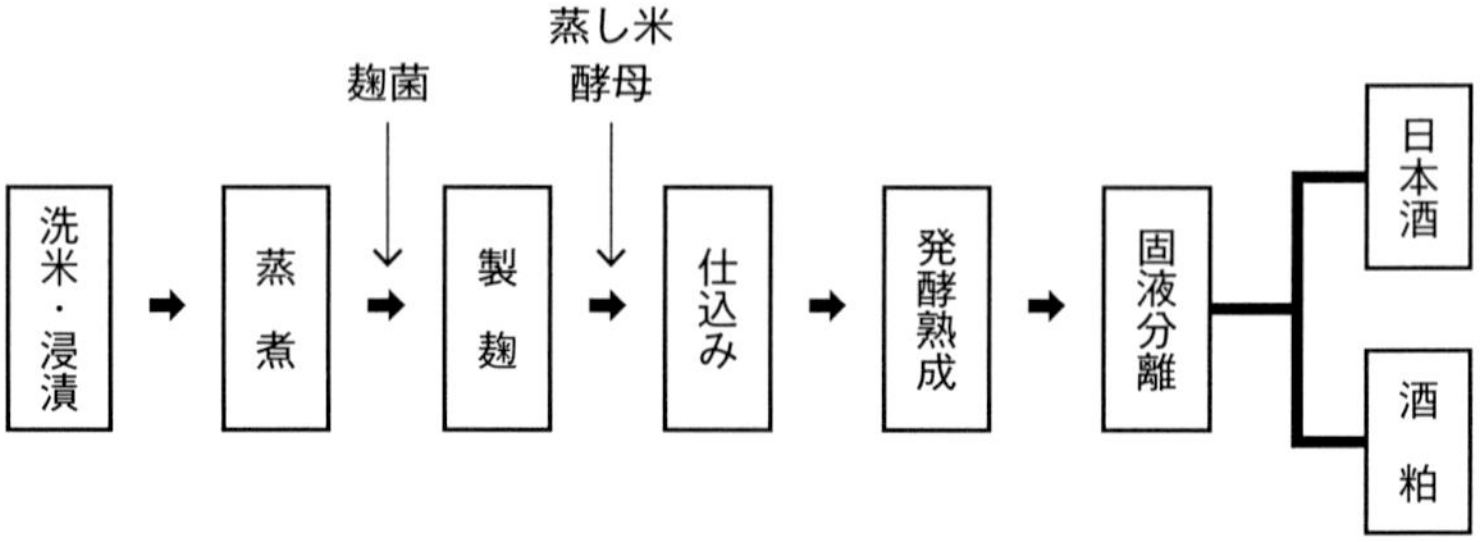

精米度と名称

精米割合	名称
50%以上	大吟醸酒
60 ～ 70%	吟醸酒
70%以下	本醸造酒

れです。

　現在の日本酒は多くがせっかく吟醸酒を造り上げても別途醸造アルコールを添加混合しますから、純粋ではありません。いわゆる混ぜ物ですから欧州では輸入の際に正規の日本酒として認めていません。本来の純粋な日本酒だけの味を好むときは混合していない純米酒がよいでしょう。趣味でドブロクを醸造すると純米酒で多種な旨味が味わえる酒ができます。一時期、日本酒離れが生じて販売が落ち込んだ時期がありましたが、純米酒を競って作り、独特の味や香りを探求してきて以来、現在は生産が増加し、輸出も増えてきました。ただし、漫然として旧来のままの酒作りを行う酒蔵は差別化されて業界から排除されます。

24 純アルコール、米焼酎

米焼酎は醸造して作った日本酒を原料にし、単式蒸留して作ります。分類すると、焼酎の乙類に区別しています。一方、穀類を使用しないで化学的に作った分類では甲類です。

一般に日本酒のアルコール濃度が約15％であるのに対して、焼酎の酒度は極めて高くなります。日本酒がアルコール濃度をそれ以上に高くできない理由は、発酵するときにアルコールを産出しますが、その濃度が高くなると麹菌が死滅するため限界が生じるからです。

米焼酎の本場は熊本県人吉・球磨地方です。この地は古来から相良藩が統治していました。相良藩は肥後藩の配下でしたが、実質的に内々薩摩の親藩でもありました。相良藩は2万2000石の小藩でしたが、実際は球磨の脊梁近い後背の奥地に10万石を超える広大なあり、これを隠し耕地としていたため、採れる米の保存や隠蔽する方法に難儀していたわけです。

結果としてこの米から日本酒を造りますが、日本酒は腐敗するため長く保存できません。その対策として、保存性を高めるために蒸留した高濃度のアルコールの焼酎を作ることにしたのです。その過程は自然の成り行きだったでしょう。

米焼酎の主な産地は熊本県と、芋焼酎の生産も1位の鹿児島県です。市販品はアルコール濃度が20～35％ですが、古焼酎には40％品もあります。一般の飲み方は、熊本県内、特に人吉・球磨では25%を生で飲みますが、鹿児島では水で薄めて飲むようです。

人吉では盃の種類が2種類あります。1つは、「ソラギュウ」です。いわれは「ソラ」と掛け声を上げて「ギュウ」と一気に飲み干すという伝えがあります。別の言葉には馬上酒があります。盃は高台がなく先尖り、すなわち横から見ると逆三角形に見える形状で、酒を注いだら下に置こうとしても倒れてこぼれるからできません。これが何に使用されてきたか疑問が残りますが、それは戦国時代の出陣の際には盃を下に置く必要はなく、馬上で飲み干したら一斉に鬨《とき》の声を上げて空に高く投げ捨てて意気を煽ったといいます。

もう1つの盃は、盃の下部に小さい穴が開いている形状です。したがって焼酎を盃に注いだら穴から漏れてしまいます。焼酎を注いでもらうときは穴を指で押さえて漏れを防ぎますが、下に置くと漏れてしまう、すなわち注いでもらったら飲む干すしか手立てがないのです。これで互いに差しつ差されつ盃をやり取りしながら飲み合いし、気が許されるほどに飲むという郷土の親睦のしきたりといえます。

なお鹿児島では焼酎のツマに鰹やマグロなど新鮮な刺身を多く食べますが、これにかける醤油は驚くほど甘い味に作っています。焼酎が辛いため、自然に甘い醤油を使用するようになったのでしょう。

焼酎は人吉・球磨では必ず各家庭に常備していました。酒として飲用するだけでなく、外傷の消毒剤として使用してきたわけです。焼酎は日露戦争時にも外傷の消毒、外科手術時の消毒、飲用、心身の麻痺剤としても使用した経緯があります。

25 黒麹を利用した黒酢と泡盛

（1）穀物由来の黒酢

黒酢は鹿児島県福山町に歴史的に有名な製造所があります。黒酢を作る基材は米、黒麹、水だけです。黒酢作りは当地で約200年前から始めています。福山町は三方を台地に囲まれて風が弱く、陽光を浴びて年中温暖であるため、使用する壺が常時温められて発酵するには好条件下にありました。壺も試行錯誤により現在の形状、45㎝径、60㎝高さの3斗入りのアマンツボに落ち着きました。

作り方は蒸した米と黒麹を壺に入れて加水します。その後、液面全体に乾燥した振り麹として麹を振りかけます。当時この方法が発酵を促進する際に雑菌の侵入を防止する効果があるとされ、黒酢作りの秘伝になっていました。発酵の期間は3カ月かかり、以降は熟成の段階になります。

黒酢の健康効果については種々の報告がありますが、九州大学健康科学センターの報告結果をまとめると、次のような効果が確認されています。

・脂質代謝改善作用
・赤血球変形能改善作用
・抗アレルギー作用（アトピー、花粉症など）
・血圧調節作用
・血糖調節作用（糖尿病など）
・抗がん作用（前立腺がんなど）

黒酢が一般の醸造酢に比較した成分上の差異は、

アミノ酸を主体とする全窒素化合物が極めて多量で固形分量が多いため、料理の伸びがよくなり、レシピの範囲が広く使用しやすいことや、成分に必須アミノ酸が多いため、味を濃くする作用など、多くの長所を持っています。

（2）沖縄独自のお酒、泡盛

泡盛は沖縄の焼酎といってもいいでしょう。しかし、使用する麹に特徴があります。すなわち黒酢作りと同じく黒麹を使用しています。

泡盛の名称は蒸留時に垂れて落ちるアルコールが受壺に落ちるとき、液面に泡が生じて盛り上がることから命名されたという伝承があります。沖縄は高温多湿ですから米麹を使用した発酵では過発酵や、ほかの雑菌の侵入、腐敗などが生じて、比較すると本邦の日本酒作りより非常に困難でした。

つまり、白麹を使わない理由は沖縄の気候風土の中で特に高温環境にあるため、発酵時に雑菌の侵入機会が多く、腐敗しやすいためです。一方、黒麹菌は発酵して多量のクエン酸を排出しますから、PHが低くなり内部の雑菌が死滅し、外から侵入する雑菌を遮断するという有利な条件ができます。

そこで、まずクエン酸を多く出してくれる黒麹を使用して醸造酒を作り、これを単式蒸留法でアルコール濃度が高い泡盛を開発したわけです。醸造した時点の工程では極めて酸っぱい酒ができていて飲める代物ではありません。これは黒麹菌を使ってドブロクを作ってみるとわかりますが、飛び上がるほど酸度が高くなっています。酸っぱくてもアルコールは十分含有していますから、酸っぱさを辛抱し健康のために飲むことは可能です。

蒸留では濃度が高いアルコールを得ることができます。沖縄は水田が少ないため米を自作できませんから、多くはタイから米を輸入しています。タイは

泡盛の製造工程

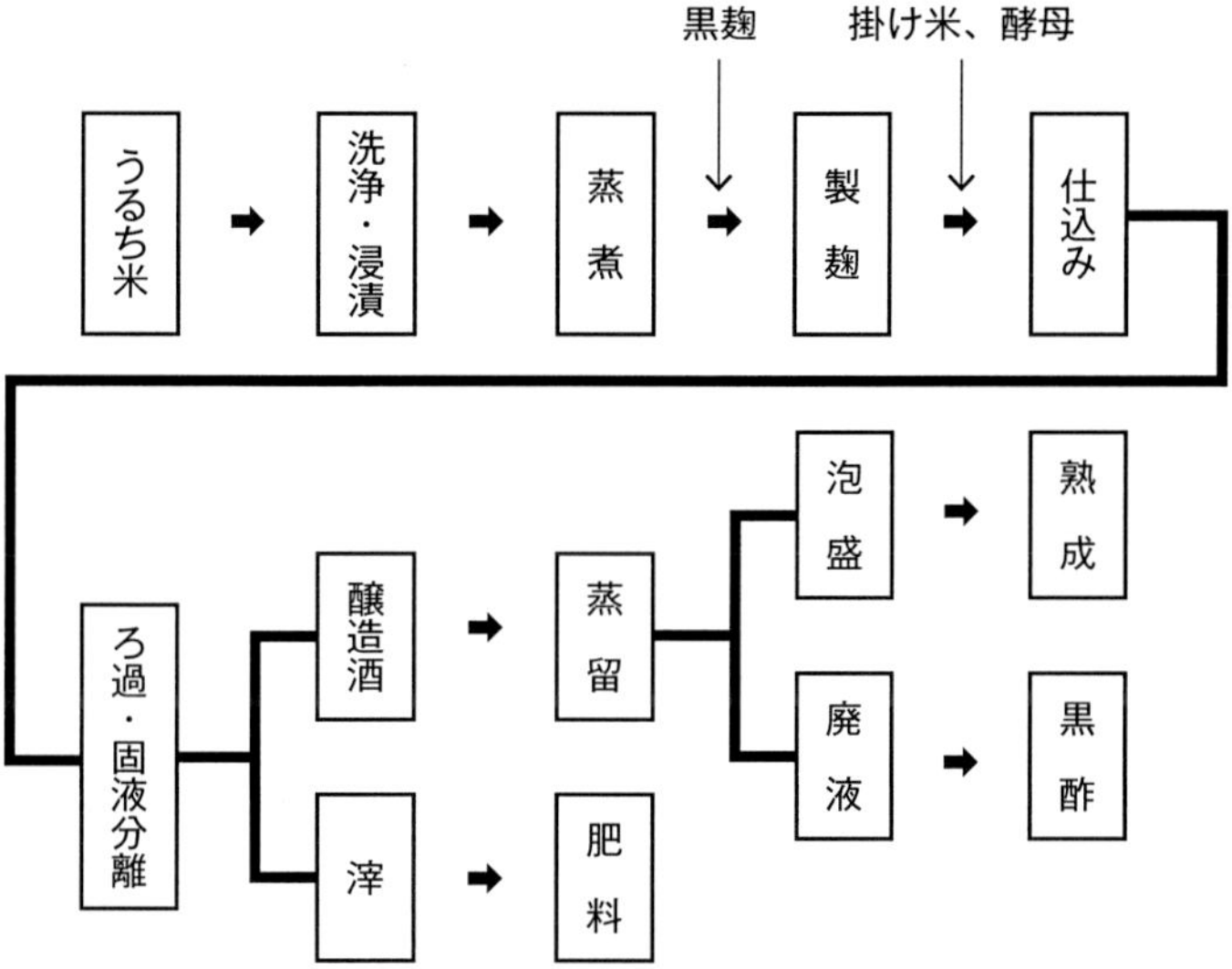

インディカ米で、これを基材にして黒麹発酵した後、蒸留しアルコール濃度が25～60％と高い泡盛を製造します。なお、インディカ米は粘りが少なく発酵に適しています。

酒税法では濃度1％を超えたアルコールを含有すれば酒に分類し、泡盛では酒度40％までを泡盛と定めています。與那国島には特別に60％を超える泡盛の製造が許可されていますが、これは酒税法上、花酒と称して原料用アルコールに分類し、これを薄めたときに泡盛の分類に入れています。

泡盛は熟成するとアルコールのとげとげしさが消えて、口当たりが柔らかくなりますから3年を超えて熟成したときの泡盛を古酒と称しています。10年あるいはさらに永く熟成した泡盛は色調が濃くなり、飲むと重いコクと芳醇な香りがあり人気です。沖縄の冠婚葬祭に提供される酒は当然泡盛であり、生《き》（薄めない）で飲み干すことがルールのようです。

26 ワインとビール

世界中には表に示すように多種類の酒を製造しています。原材料は地域で採取する穀物を利用していますし、製造方法も環境に適合した特有の微生物を利用しています。世界の酒で代表的な2つを紹介しましょう。

(1) ワイン

ワインはブドウの果汁から造る醸造酒です。すでに紀元前8000年にメソポタミアで造られたとされ、エジプトのピラミッド内部の壁画にも描かれています。1人当たりの消費量（2007年）は1位フランス、2位イタリア、3位スペインです。これらの国々はブドウを栽培する土壌と気候条件が合致した適地であり、芳醇な果実を採取できるため良質なワインを造ることが可能です。日本では数カ所でワイン造りが行われ、山梨・甲府は、有数の産地の1つです。良質なワイン造りはブドウの栽培が基礎になります。

ワインの造り方の基本的な手順を説明すると、ブドウを収穫したら洗わないで潰して瓶に漬け込みます。機械化が未発達の時代はもちろん、現在も家内手工業的な工場では足踏みして潰しています。容器（樽や瓶）には加水することなく、潰したブドウを入れたらそれで終わりです。アルコール発酵はもともとブドウが高い糖度を持っているため加糖する必要はありませんし、ブドウの果皮に付着している

世界の主な酒

酒名	原料	主産出国	最高アルコール度	醸造○、蒸留◎
ウイスキー	大麦、トウモロコシ	英、米	45	◎
ビール	大麦	独	7	○
ワイン	ブドウ	仏、伊	13	○
ウォッカ	大麦、トウモロコシ	露	60	◎
ジン	ライ麦、大麦	オランダ	50	◎
ブランデー	ブドウ	仏	50	◎
シャンパン	ブドウ	仏	15	○
ラム	サトウキビ、芋	中南米	50	◎
テキーラ	竜舌蘭	メキシコ	45	◎
シードル	リンゴ	独、仏、米	7	○
シェリー	ブドウ	スペイン	20	○
馬乳酒	馬乳	モンゴル	10	◎
マッコリ	米	朝鮮	15	◎
白酒	コーリャン	中国	60	◎
日本酒	米	日本	15	○
焼酎	米、芋	日本	60	◎
泡盛	米	日本	60	◎

2015 年主要国のワイン生産・消費量

国　名	生産量予測（1000hl）	1 人当たりの消費量（ℓ）
イタリア	48,869	41.5
フランス	47,373	51.8
スペイン	36,600	25.4
米国	22,140	11.9
アルゼンチン	13,358	31.6
チリ	12,870	14.7
オーストラリア	12,000	27.0
南アフリカ	11,310	11.0
中国	11,178	1.4
ドイツ	8,788	27.8

出典：国際ぶどう・ぶどう酒機構の資料より作成

自然の酵母が糖からアルコールへの発酵を支配します。ブドウを洗わないで仕込む理由がここにあります。ブドウ酵母は発酵力が強い種類ですから、このまま自己発酵を待つと約1カ月で新鮮なワインができあがります。そのワインから固形物を分離して、果汁をそのまま数カ月熟成すると味がまろやかになります。

自家用ではブドウが安価な時期に仕入れて造りますが、容器を保存する場所は冷温の床下、倉庫、納屋が適しています。アルコール発酵が進むとともに周囲に甘い香りが発散するようになります。

ワインの色は赤と白があります。赤ワインは黒ブドウや赤ブドウを房のまま仕込んだとき果皮のタンニンとポリフェノールが浸出して赤紫色をかもし出します。このワインは渋味があり肉料理に適します。白ワインは白ブドウを原料にし、皮を取り除いて仕込みます。魚料理向きです。ピンクの色調を持つロゼワインがあります。一般的な製造法は、色が薄い果皮を持つ種類のブドウを使用します。

ワインはアルコール濃度がおよそ7～15度です。ブドウが持つ成分により、有機酸、糖、アミノ酸、タンニン、核酸、グリセリン、酢酸エチルなどを含有しますが、有機酸の酒石酸、リンゴ酸、クエン酸、酢酸、乳酸、琥珀酸の多少がワインの性状を決定すると言われています。

(2) ビール

ビール造りの本場はやはりドイツです。醸造所は全土に約1200社があるとされています。ドイツはビールを酒類に分類していませんし、16歳から飲むことができます。ドイツ国民はビールを命の水と呼び、汎用の飲料水としています。

ドイツビールは発酵法、色、ビアスタイルによってたくさんの種類と特徴があります。また味や色合いの違いは麦芽の焙煎、ホップの使用量、発酵条件に左右されます。ドイツのビールは、日本と異なり素材は麦とホップのみです。

ビールの造り方ですが、一般の家庭では器具がないため簡単ではありません。麦芽は自家製できますが、ホップを購入することと、瓶詰めしたあとの打栓機が必要になります。ビールの造り方を図に示します。各工程の詳細を以下に示します。

まずは原料です。

①主原料：大麦、水、ホップ、ビール酵母（日本で製造するビールには米、トウモロコシ、砂糖を使い、ドイツ以外の国ではジャガイモやキャッサバもデンプン源に使用）。

②麦芽：大麦に水を加えて発芽したら成長する前に止めて乾燥と焙煎を行います。根や異物を除去して粉末に加工します。麦芽はデンプンを強力に糖化する酵素を持っています。

③ホップ：蔓《つる》性の植物であるセイヨウカラハナソウの花を使います。香りがあり、ビールに保存性を与えます。

④ビール酵母：上面発酵法ではサッカロマイシズ・セレビシエ酵母、下面発酵法ではサッカロマイセス・カールスベルゲンシス酵母を使用します。ビール酵母はデンプンの糖をアルコールと炭酸ガスに変換する役目を果たします。

上記の原料を使用して以下のように醸造します。

⑤糖化：デンプンを含有する穀類に粉砕した麦芽（グリストと呼ぶ）を温水と一緒に混合して入れ、糖とタンパク質を溶出します。麦芽は糖とタンパク質を低分子化しますから、糖化が終了したら固液を分離し麦汁を取り出します。

⑥煮沸と冷却：麦汁は煮沸して酵素を失活させて水分が減少したらホップを投入します。煮沸の条件により風味や甘辛性が異なります。煮沸とホップ

ビールの造り方

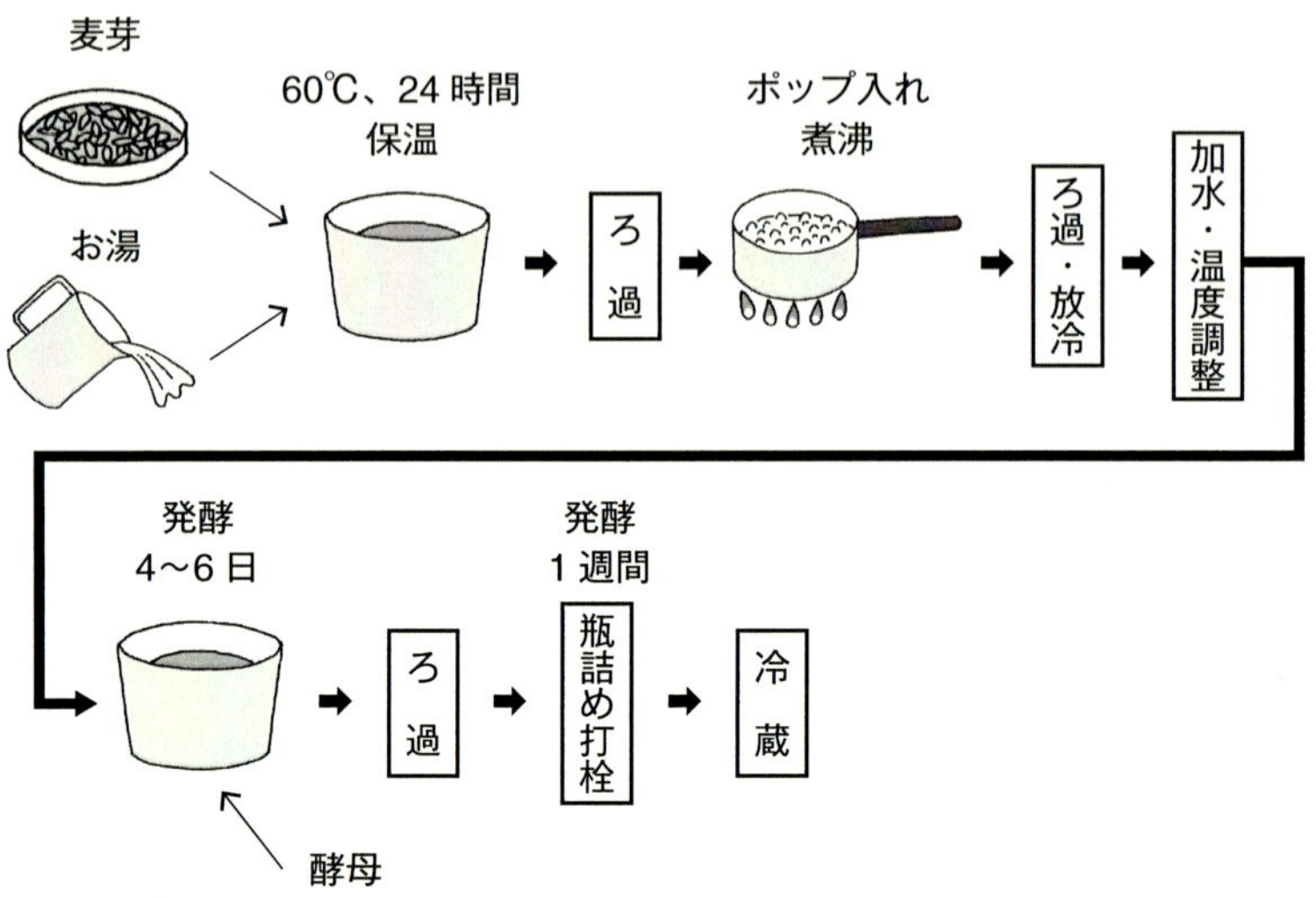

投入が終わったら冷却します。

⑦発酵：冷却後の麦汁には空気を通しながらビール酵母を添加して発酵を促します。酵母添加量、発酵時間、温度、1次・2次発酵など条件によりさまざまな型式のビールができる基礎になります。

発酵が終了した液は熟成過程を経て、ろ過により残存するタンパク質分などを取り除いたあと殺菌し、瓶詰めして出荷します。

ビールは大分類すると、エールとラガーがあります。エールは上面発酵法により常温で短時間に発酵したビールです。上面発酵は炭酸が多量に浮き上がり、酵母が上面に浮上して層を形成します。ドイツのアルトビールがこの製法であり、コクがあります。一方、ラガーは下面発酵法によります。サッカロマイセス・カールスベルゲンシス酵母は10℃以下の低温で長時間かけて発酵を進めます。酵母が下に沈殿するため下面発酵と呼んでいます。

27 栄養豊富な甘酒

米のデンプンを糖化して甘い液体を作り出す役目は米麹が担います。米麹には多くの酵素がありま す。その代表はデンプンを糖化するα—アミラーゼです。ほかにもたくさんの酵素が風味、コク、旨みなどを副次的に生産してくれます。甘酒はデンプンの糖化だけの発酵ですから、アルコール発酵をしていないノンアルコールの飲み物です。

江戸時代、庶民の栄養補給のために甘酒が売られていました。甘酒は俳句の季語では夏です。必ずしも栄養が足りていない老人や子供らあるいは病弱者が夏の暑さに負けて、死に至ることが多かったため、栄養補給のために飲んでいました。甘酒の成分はブドウ糖、多種なビタミン（B1、B2、B6、パントテン酸、イノシトール、ビオチンなど）、ミネラル、有機酸を豊富に含有していますから、夏に甘酒を補給することは天然のブドウ糖の注射をするような優れた食品だったのです。

現在、地域の物産展や道の駅で甘酒を売っています。ポリパック入りや瓶入りもあります。それらの甘酒の作り方はさまざまです。それらを分類する2種類あり、1つは日本酒を絞った後に残る酒粕を基材とし、それに水を加えて粘度を調整し加糖したものです。試飲するとわずかに酒の匂いがして糖度はありますが、コクなどの味わいは深くありません。もう1つは純粋に米麹を基材とし、加水した後に高温で発酵した作りです。加糖していませんし、味は素晴らしく自身の糖度高く、香りが豊かです。

しかし、現在、甘酒の基準や規定は決められていません。すなわち、どのような基材を使用しても甘酒と称しています。さらに驚くことは甘酒といいながら糖度の基準がないことです。今まで購入して試飲するたびに糖度計で計測したところ、糖度が15〜25％と大きいバラツキがあり、甘さが極めて低いものもありました。やはり、甘酒は1つが米麹で発酵して作るものと決めるべきです。また糖度はたびたび作ってきた経験から糖度20％を最低値の基準にすべきと思います。

甘酒の成分（食品成分表による）

エネルギー	81kcal
タンパク質	1.7g
炭水化物	18.3g
ナトリウム	80mg
カリウム	14mg
マグネシウム	5mg
リン	21mg
カルシウム	3mg
そのほか、銅、亜鉛、マンガン、鉄、微量成分のナイアシン、ビタミンB_1、B_2、B_6、など葉酸を含む	

筆者の甘酒作りは米麹を使い、試験の結果から発酵温度が58℃で最高の甘さとコク、香りが得られています。なお、製造容器は市販の炊飯器で、温度が1℃刻みにでき、発酵時間も自由に設定できるものを使用しました。さらに飲みやすくすることと保存のために、できあがったら80℃まで加熱して麹菌を失活した後冷却し、ミキサーにかけ滑らかにしています。毎朝食時に大きいグラス1杯摂れば、体中に発酵した酵素がいき渡るように感じます。

おもしろい研究をしたことがあります。甘酒の基材を米の代わりに数種類選択して作ってみました。コーンスターチ、片栗粉、上新粉、白玉粉、山芋デンプンです。得られる糖度の高低の比較ではなくて、それぞれの独特の味と香りを把握することでした。選択は個人の味覚の好き嫌いによりますが、山芋デンプンは変わった甘酒で香りがよく醸しました。これらのデンプンは麹を添加する前に糊化しなければなりませんが、種々の方法がある中で、蒸す工程を採りました。

28 多種多様な味噌は優れた食品

味噌は日本独自の代表的な発酵食品で世界的には稀な食品です。味噌を使った味噌汁は一種のスープと言えます。多くの日本人が朝食に味噌汁を飲む習慣を持ちます。味噌汁の種類は、炒り子（鰯の子供の乾燥品）、昆布や鰹節などで出汁を取った中に、豆腐やわかめ、シジミ、カボチャ、ナメコと山芋とろろなどと多彩な具を入れますから、極めて栄養価が高くなります。

味噌は塩作り（製塩）が始まった古代縄文時代から穀物保存にその端緒があり、700年初期の史書に「未醤」（「みさう」、または「みしょう」）という味噌の原形が登場します。同時に大陸文化の影響を受けて長い時代を経て現在の食品に変遷してきたと言えます。戦国時代（15～16世紀）には、出陣時に味噌を携帯して栄養補給にしていました。また、城内には大量の味噌を格納して籠城対策も行っていました。

食物の多様化が進み食文化も高次になると同時に、味噌は副食を作るための調味用として発達して各地に多種類で独自の味噌が発達します。これは味噌作りがそれほど高い技術を必要としないばかりか機器も簡素な台所用品で可能になるためです。また原材料のうち穀物（麦や米）と大豆に塩があれば至って簡単に誰でも作ることができたからです。

現在はＪＡＳ（日本農林規格）では、味噌を以下の種類に区分しています。

①米味噌：大豆と米を発酵熟成
②麦味噌：大豆と麦を発酵熟成
③豆味噌：大豆だけを発酵熟成
④調合味噌：上記の3種のうち混合して発酵熟成

穀物は大豆がベースであり、それに各地の特産物に応じた素材を使用しています。だから味噌はローカルカラーがよく表れた食品でもあります。穀物は各地の特産によりますが、ドングリ、栃の実、銀杏など木の実のデンプンを使う例もあります。ドングリ味噌は長野や岐阜に見られ、ドングリを乾燥したあと臼で割り、袋に入れて小川の流れで灰汁を除いたあとに蒸煮し、デンプンが変質したところに種麹菌を植え付けてドングリ麹を作ります。これに塩を入れて数週間熟成するとできあがり、独特の風味ある味噌になります。このような木の実の使用例は他の地域でも見られ、沖縄では蘇鉄《そてつ》の実を使った蘇鉄味噌があります。

味噌中の栄養分

味噌は色調を2つに分類することができます。色の違いは、穀類と大豆が含有するタンパク質と発酵して生じた糖分のメイラード反応[1]に起因します。1年以上長期に熟成した味噌は保存上の安全性を確保するために塩分を高めていますし、反応が進むため茶色から赤色の色調になります。中京地方や東北地方では赤味噌をメインに使用する地域がありま

す。一方、短期熟成した味噌は塩分濃度がやや低く白色を示します。

（1）味噌の作り方

味噌の作り方は極めて容易です。大豆味噌の作り方は、種麹（地域によって米麹菌あるいは麦麹菌を使用）で大豆を発酵させて大豆麹を作ります。できあがった大豆麹に米麹と、大豆と米麹を合わせた重量の約20％（種類により変わる）の塩を加えてよく混合したあと樽に漬け込み熟成します。

米味噌は別に米麹（麦味噌は麦麹）を作ったあと同様な手順で漬け込みます。図には米味噌の作り方を示しました。大豆は蒸煮したあとに臼でついてペースト状にし、米麹と塩を混合する場合もあります。仕込み後の熟成期間はさまざまです。

発酵のメカニズムは仕込み中に乳酸発酵を伴いながら麹が大豆、米、麦のデンプンを糖化する過程で各種の有機酸やアミノ酸、エステル、アルコール、ミネラル、ビタミン類を生成し、自然に存在する酵母の機能によりアルコールを生じます。この結果、麹と酵母が有用な栄養成分や香り、旨味を生み出してくれます。

味噌製造に際しては使用する穀類と大豆の種類や含有成分以外に、麹と塩のそれぞれの量比、熟成温度、湿度、熟成期間などの諸条件により特徴がある味噌ができあがりますから地域のカラーがよく出ます。

日本の気候風土が米麹を作り、各地に栽培する大豆をうまく合わせて作る味噌は、地方の独特の製法により色合い、旨味、香りが異なります。そのため地方にはその土地の銘柄を付けた味噌が数多くあります。一般的な味噌は米麹の白味噌、大豆麹で造る赤味噌（豆味噌）、麦では麦味噌があります。有名な白味噌は信州、西京、赤味噌は中京、津軽、仙

米味噌作りの工程

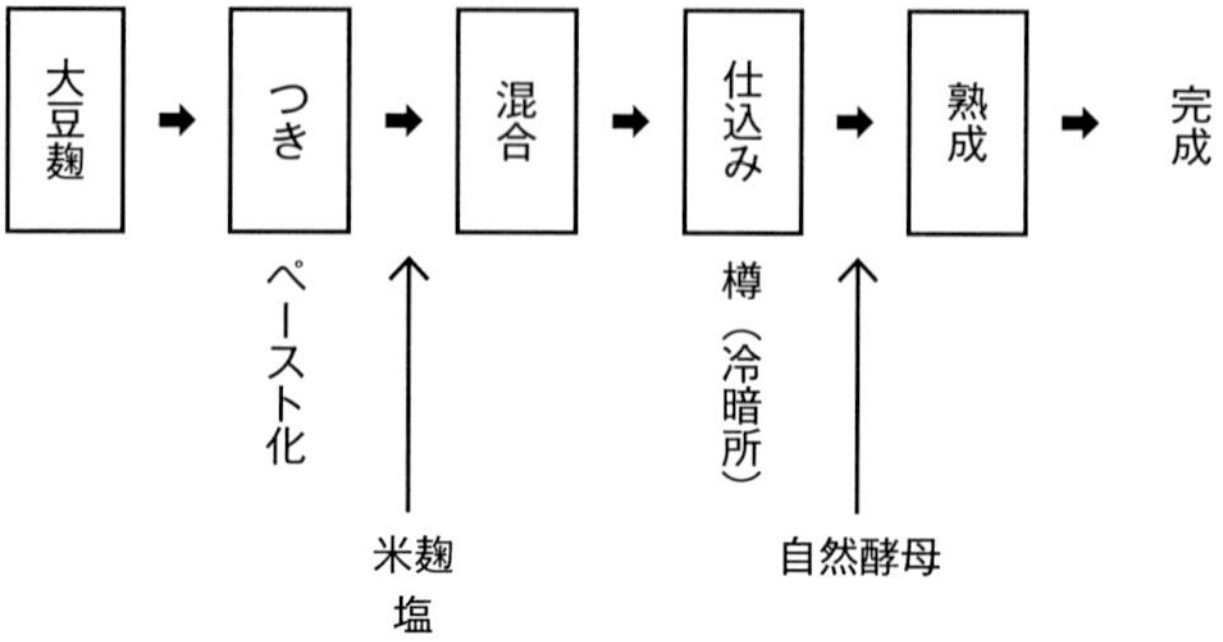

台、麦味噌は薩摩など米がとれない地方に多くあります。

そのほか有名な味噌としては、次のようなものがあります。

①米味噌：仙台味噌、会津味噌、信州味噌、越中味噌、加賀味噌、西京味噌、桜味噌、讃岐味噌
②麦味噌：薩摩味噌
③豆味噌：八丁味噌
④その他（食用など）：金山寺味噌

(2) 味噌の効用

味噌は栄養と健康に大きな役割を果たします。使用する大豆は畑の肉と称するほど重量換算で30%を優に超えるタンパク質を含有し、発酵した味噌は多くのアミノ酸を含むため貴重な食材になります。医者は高血圧予防のために薄味の味噌汁を飲むように指導していますが、味噌の良い点は栄養学的にも医

学的にも優れた食品であることです。

大豆中には数種のイソフラボン成分が含有され、これらは一種の女性ホルモン作用を示すため健康維持に有効です。また医学的には心疾患や脳卒中、肝疾患などに対しても予防効果があり、日常的に味噌汁を飲む群が胃癌に対して耐性があり、抗癌成分が認められるため、日本人の定番食事の味噌汁が自己免疫を高める役割があると証明されています。

また味噌は麹酸を含有しています。麹酸は味噌作りの過程で麹が生成し、抗菌性を示し腐敗効果があります。

味噌は熟成過程で乳酸発酵しますが、これを司る乳酸菌は種々の食物の発酵で生じます。生成した乳酸菌は経口後、腸内で善玉菌として免疫力の増強と発癌生物質の排除、整腸作用、病原菌の死滅作用など大きい役割を果たします。特に植物性乳酸菌は動物性に比較してそれらの効果が大きいとされていますから、味噌が持つエネルギーや栄養成分以外に健康維持に優れた食品です。

味噌は一時期、塩分が多いため血圧を上げ、胃腸に負担が掛かり、腎臓疾患を惹起するという警告がありました。そのため現在では、塩分量を少なくする製法に変えています。

1) メイラード反応は褐変反応と言われ、糖とアミノ化合物を加熱したとき褐色物質を生成する反応。褐色物質はメラノイジンと言う。

29 国際的な調味料となった醤油

醤油は醤（ひしお＝比之保）として大陸から日本の弥生時代に伝来したようです。魚を保存するために塩水につけていたところ、自然に自己発酵[2]を起こしてタンパク質が分解し旨味の基になるアミノ酸が生じました。これが醤の始まりと推定しても過言ではありません。東南アジアの国々で魚を使用した醤（タイのナンプラーなど）が存在するのも同様な理由です。

その後、醤油の原料は穀類、獣肉、魚肉を使用するようになり、それぞれ穀物比之保、肉比之保、魚比之保が生まれています。歴史上、仏教の教義に従ったため原料に肉類は使用せず米を利用した比之保が育ち、発展していきます。塩分の素材としては地域に合う製塩業が栄えてさまざまな醤油作りが興り、味噌に替わる液体の調味料として発展していきます。

日本で米の比之保、すなわち現在の醤油作りが脈々と永続して伝承してきた最大の理由は、温帯モンスーン地帯で原料となる米が多量に採取できたことと同時に、気候条件が麹カビの育成に合っていたからです。

（1）醤油の作り方

醤油の作り方は蒸した大豆に炒った麦を合わせながら種麹（アスペルギルス・オルゼまたはアスペルギルスソーヤ）を入れて麹室で製麹します。２日も

醤油の作り方

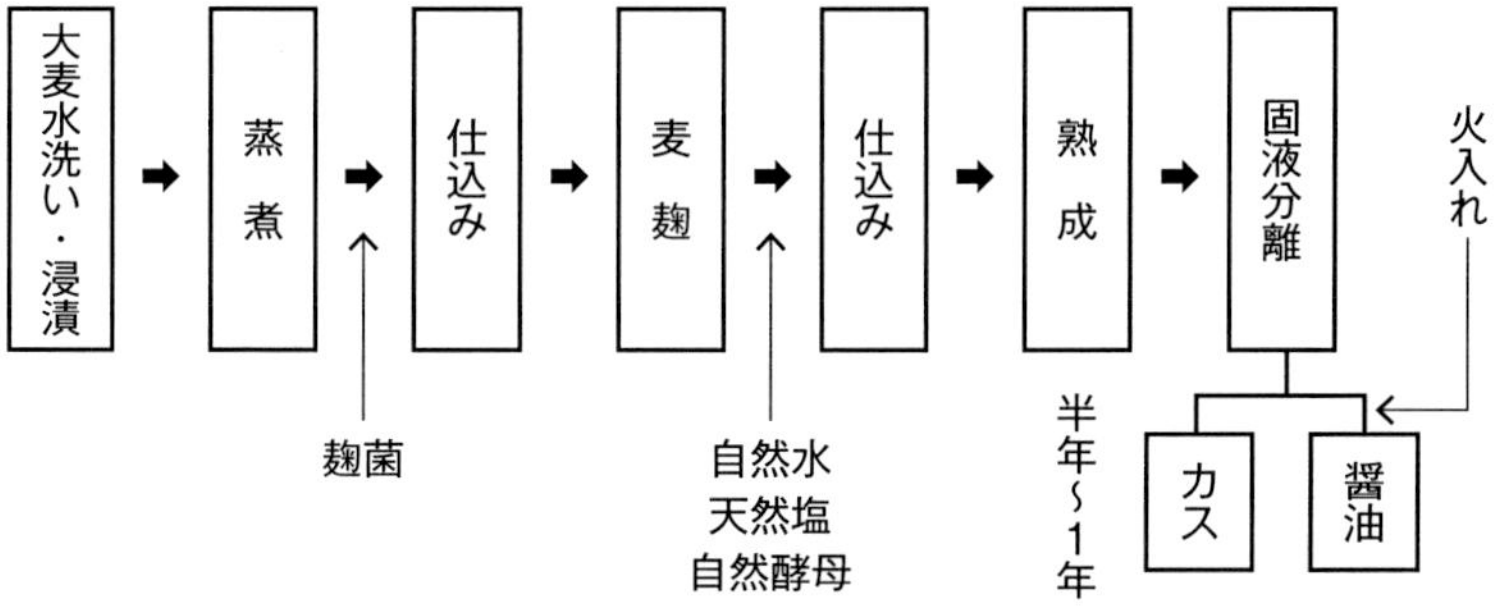

すると麹カビが繁殖して麦麹ができ、これが醤油を作る基になります。

次に麦麹を水、塩（標準的に麦麹と水を合計した重量の約20％）と合わせて醤油桶に仕込みます。仕込みに際しても湿度や気温が日本の気候風土条件に合うため容易に発酵が進みます。発酵のメカニズムは、麦麹のカビが耐塩性のあるタンパク分解酵素を持ち、仕込み中に大豆のタンパク質を分解して旨味成分であるアミノ酸に変え、酵母が糖をアルコールに変え、乳酸菌が活躍して、エステル、有機酸を生じて独特の風味をかもし出します。耐塩性のカビや乳酸菌が活躍して発酵しますが、一方でそれ以外の微生物は高塩に対する抵抗がないため死滅してしまい、腐敗は起きません。

１年ほど熟成したあと固液をろ過して火入れ[3]すれば醤油が完成します。最近は旨味を増加するために鰹節エキスや天然の旨味成分を添加することがあります。一方で人工アミノ酸、グルタミン酸ナトリウムなどの化学調味料、保存料を入れた醤油もあり安価に市販しています。しかし、この味は口当たりが悪く平たい味がしていつまでも腔内にべたつくように残りますが、製造原価を低減するためには仕方がないかも知れません。純粋の素材だけで作り、熟成した醤油は舌に独特の丸みがある旨味と風味が深く感じられて、さっぱり爽やかです。

(2) 醤油の種類と品質

醤油は、次のように大きく分類できます。

①濃口醤油：全流通量の多くを占め、全国で生産されていて、料理の際に味の調節、香り付けに使う種類であり、中間色を示します。千葉の野田や銚子、小豆島は有名な産地です。

②淡口《うすくち》醤油：塩分は高く色が薄く、香りも少ない醤油です。調味料として料理する素材の特徴（色や香り）を損なわないように配慮するときに使います。関西地域で多用し出汁やつゆ、煮物の色合いを活かすときなどに適しています。

③たまり醤油：極めて濃厚な味を持ち、とろみがあり、香りと色調が濃い種類で、刺身、鮨、魚の照り焼きに適します。最近は卵かけ醤油としても使われています。

また、次のように醤油の品質を評価する指標があります。

①色調：醤油は熟成の長短で色調が変化します。最初は無色ですが年月を重ねると茶色からさらに濃くなります。これは醤油の中のアミノ酸や糖がメイラード反応を起こして色が変わるためです。色調は個人の好みや趣向によって評価されますが、一般に淡い赤色が望まれるようです。

②味：旨味で決まります。旨味の基はタンパク質を分解してできたアミノ酸が占めていますが、ほか

に各種の有機酸やエステル、残糖による甘さ、塩の過多や熟成度による甘辛さがあります。

③香り：各種の有機酸やエステル、酸化による劣化臭などが鼻に感じ、口に含んだときの腔内からもフレーバーが認められます。ほかにアルコール臭、麹臭などがあります。

品質は科学的に計測した数字の基準はなく、個人の感応により評価することになり、趣向に左右されます。ただＪＡＳでは科学的に旨味を計測する方法に関してのみ、醤油内の全窒素分を測り、多い方から級付けを行っています。

醤油は日本の料理には欠かせない素材であり、煮物、天ぷら、鮨、蕎麦、うどん、タレ、出汁などに広く用いて、日本の食の文化を担う味を制御する代表選手です。

現在、醤油は国際的な調味料に育ちました。メーカーは国内では１５００社が製造しており、大手が欧米以外に東南アジア地域も含めて１００カ国を超えて輸出し、アメリカでは現地生産も行っています。日本ではスーパーで瓶あるいはペットボトル入りで販売していますが、昭和30年頃までは米穀店で4斗（72リットル）も入る木製の大樽から漏斗で受けて量り売りする形態でしたから、空の1升瓶を持ち込んで購入していました。懐かしい記憶です。

2) 自己発酵は素材の生命が止まったときに体内に存在していた微生物が活動して自然に発酵が進み自己融解あるいは自己消化を起こす。このためほかから酵素を添加することなく発酵が進むが、条件により腐敗することがある。

3) 火入れは発酵を司る麹や酵素の働きを止めるために死滅させること。多くは死滅する温度を超えるまで加熱する。

30 健康食品の雄たる納豆

納豆は大豆を枯草菌[4]の一種である納豆菌で発酵した食品です。納豆の種類には糸を引く糸引き納豆、塩納豆（辛納豆、寺納豆あるいは浜納豆）、引き割り納豆があります。このうち糸引き納豆が生産全体の90％以上を占めて食されています。糸引き納豆は東北地方（秋田・横手）、関東地方（茨城・水戸）で盛んに作られ、前者は家庭でも作る郷土料理の1つです。

塩納豆は山形・酒田が有名で、塩をまぶして乾燥し保存性を高めています。寺で作られた経緯から寺納豆あるいは塩を使うために浜納豆とも称し、大徳寺（京都）、大福寺（浜松）の納豆が有名です。引き割り納豆は大豆を前もって破砕して発酵を早め消化吸収を改善した製造上の名称です。

若者が市販のパックの納豆を敬遠する理由は納豆特有の異臭が好きになれないからでしょう。本来の納豆の旨さはパック納豆にはなく、藁苞《わらづと》（藁を編んで丸めて巻いた容器）で作った田舎納豆を食べたら糸を引くように後引きする芳醇《ほうじゅん》な風味があり格別な味です。

大豆が納豆菌で発酵するメカニズムは、蒸煮した大豆に納豆菌を振りかけて適正な湿度と温度を与えると、急激に増殖して発酵し、大豆タンパクを分解して各種の旨味の基となるアミノ酸に変え、このときに特有なガス成分を発散します。発酵が進行しすぎると強いアンモニア臭が感じる理由はこれが原因

地方別 1 世帯当たり納豆の支出金額（平均）（2016 年）

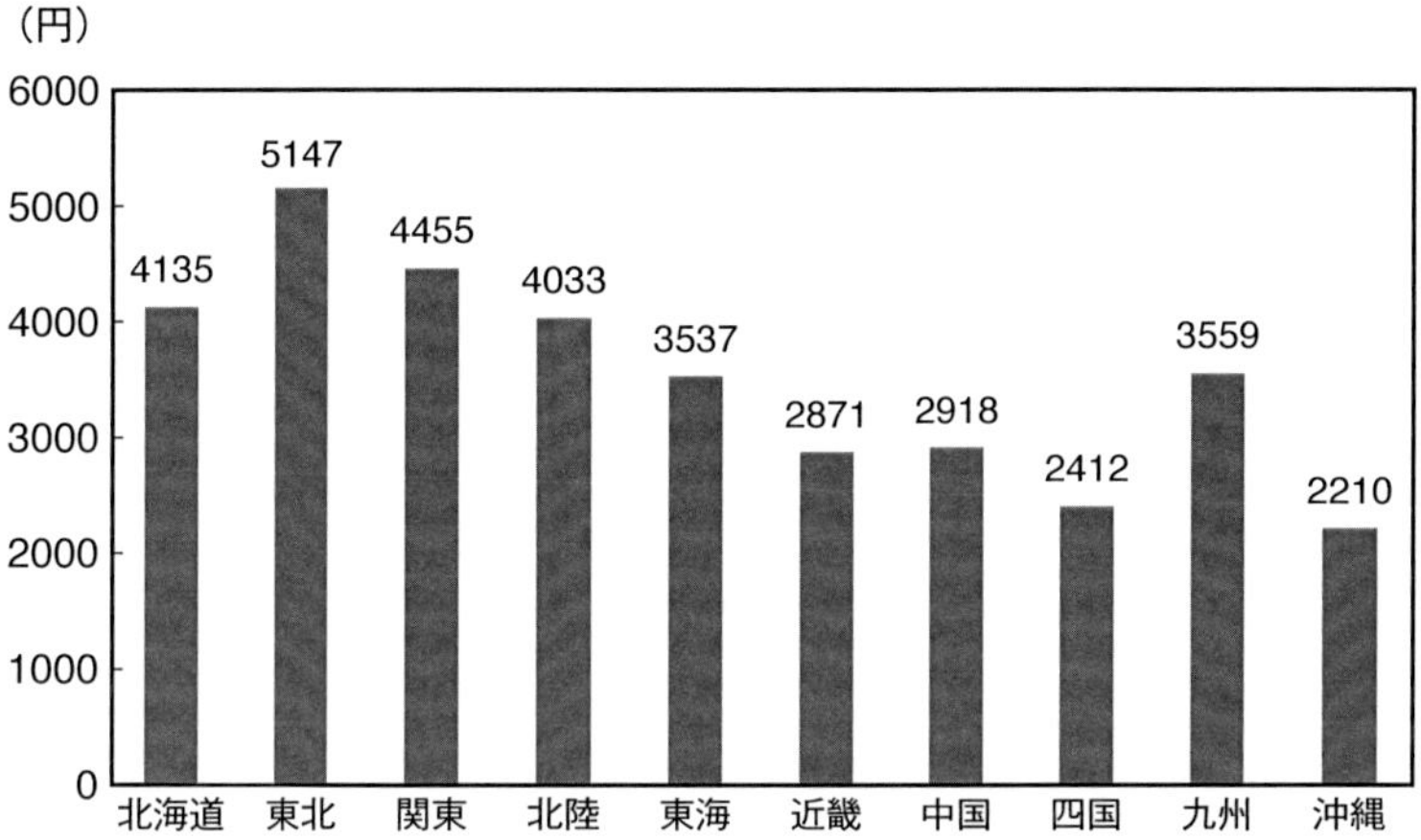

出典：総務省統計局、家計調査年報

伝統的な藁苞納豆の作り方

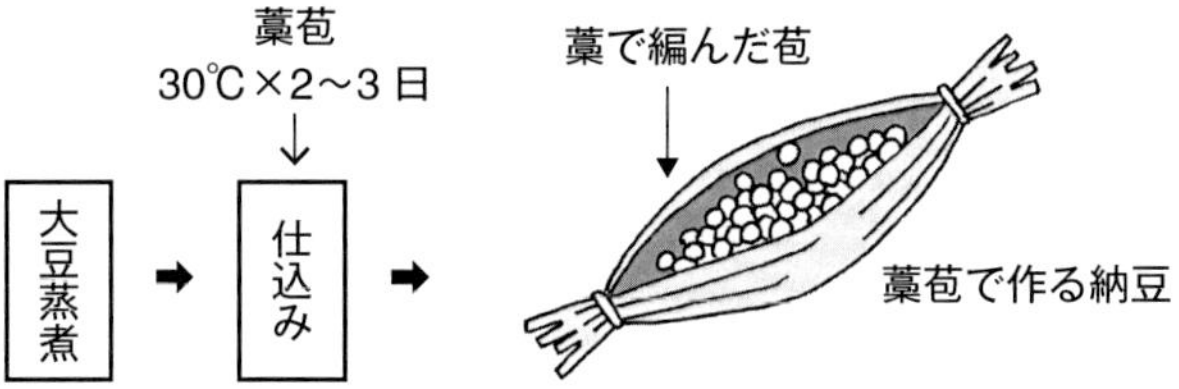

発酵は藁に付着している自然の納豆菌（枯草菌の 1 種、Bacillus subtilis natto）が大豆を発酵する酵素を持つため、強力に発酵を進めます。発酵を促進するためには季節により温度変化がないように、温度を約 30℃前後に維持します。

です。

伝統的な藁苞納豆の基本の作り方を紹介します。

地域で栽培されている伝統的な大粒大豆（地大豆）を水に一昼夜浸漬したあと、ざるで水を切り、蒸籠で蒸し上げます。輸入大豆は香りが少ないようです。一方、大豆を蒸し上げる間に自然の稲藁で編んだ藁苞を準備します。藁苞は大豆がこぼれないように両端を紐で縛り船形にします。そのあと熱々に蒸した大豆を藁苞に入れ、藁を重ね合わせて包み込みます。発酵を促進するためには季節により室温が変化しないように保温して温度を約30℃前後に維持します。暖かい部屋（蔵など）で熱が逃げないようにゴザや毛布や布団で覆います。この間に稲藁に付着している天然の納豆菌が発酵を進め、仕込み後2日もすると発酵して大豆表面にカビ状の白い色が付き、納豆独特の匂いがし、大豆が糸を引き始めます。これで納豆の完成です。市販品の製造では、稲藁の天然菌に変えて純粋に分離培養した納豆菌を大豆表面にスプレーしています。

納豆の栄養は大豆タンパクが豊富であり、各種のアミノ酸、ビタミンKを含有し食物繊維も多いため、整腸作用など人体の腸内にとって有効な働きをします。納豆菌はプロバイオティクスという成分を含み、腸内の悪玉菌に対して抗菌作用があるとされています。

また納豆にはナットウキナーゼという酵素を含むため、血管内の血液の凝固を防止し、血液の流れをサラサラに促す役目もあります。納豆は栄養上から健康食品の雄ですから、毎日食することを勧めます。

4) 枯草菌は自然界では空気中に飛散して存在し、稲などの枯れ草の表面に多く生きて存在している雑菌。芽胞を作り、熱や消毒に対して強い抵抗があるため、汚染に注意する必要がある。酒造りにおいては厳重に侵入を防止している。

31 世界一固い食品、鰹節

鰹節は購入するときに2本を手にとって拍子木のように叩き合わせるとカンカンと高い音色を出します。これは完全に水分がなくなって乾燥した良い品質の証拠になります。

鰹節を作る工程は、生の鰹を裁いて内臓を除去し形を整えたあとに天日干し（または乾燥機内で）て乾燥し、その後燻製します。

麹菌は鰹節菌（Aspergillus Repens、Aspergillus Glaucus）を使用し、その菌が繁殖する部屋に入れて表面にカビを付着し繁殖させます。さらに表面のカビを除去したあと再度天日干して乾燥します。

次に鰹節菌が充満する部屋で何度もカビを繁殖させますが、この手順を数回繰り返します。カビは鰹に残っている水分を吸収しながら繁殖しますから、内部は次第に水分が減少していきます。鰹節菌は繁殖する過程で種々の酵素の力によって次第にタンパク質を分解し、旨味の元であるアミノ酸を多量に作り出し、同時に核酸の一種であるイノシン酸の量を増していきます。このように鰹節菌の働きは驚異的な能力を持っています。また鰹自身はリパーゼという自己酵素を含有していますから、鰹の油脂を分解して脂肪酸とグリセリンに変えます。

以上の過程が終了すると鰹は水分が内部まで数%残るほど微量になり、脂肪成分もまったくなくなって多くの旨味成分の塊になります。これができあがった鰹節です。水分が僅かしか残存しないことは

鰹節の生産量ベスト10（2017年）

	都道府県	生産量（t）
1	鹿児島県	20,347
2	静岡県	6,793
3	高知県	158
4	三重県	90
5	千葉県	83
6	東京都	43
7	和歌山県	35
8	福岡県	9
9	長崎県	9
10	宮城県	3

出典：農林水産省、水産加工統計調査

水分活性がないわけですから、腐敗を生じることがなく長期の保存に優れます。世界中を見回してもこのような硬い発酵食品はありません。

鰹節は基質が硬いためそのままでは食べられず削って出汁に使います。この出汁は綺麗に澄んだエキスになりますから、和風の料理においては色がつかず、食材の特徴を残す極めて見事な不可欠な食材になります。

鰹節は日本で17世紀に鰹漁が盛んな和歌山県印南町で初めて開発され、当時は熊野節と称しました。時代が下るにつれて、製造方法は鰹が獲れる全国の地域に広がり、土佐、焼津、鹿児島の山川が活発になります。現在、国内では鹿児島枕崎が主要な生産地となっています。ただ近年、鰹の漁獲高が減少していることが憂慮すべき問題で、将来は養殖の拡大が不可欠になると思われます。

第5章

日本の漬け物

32 乳酸菌が活躍する漬け物 ―発酵しない漬け物もある

漬け物を大分類すると無発酵と発酵に分けることができます。

無発酵漬け物は微生物を利用した漬け物ではなくて、漬け汁の特性を利用します。塩漬けはその代表で野菜の保存を第1の目的で始めましたが、以降は漬け汁の成分を取り込んで味を高めるようになります。例を挙げると、大根、キュウリなどの醤油漬け、らっきょうや生姜の酢漬け、梅干しの塩漬け、薬草類や果実のアルコール漬け、紫蘇の葉のオイル漬けなどがあります。無発酵漬け物は微生物の作用がないため、素材の成分と漬け汁によって味が変化し熟成します。

これに対して多くの漬け物は発酵により味と新しい成分が生じて熟成します。発酵は乳酸菌の作用が代表的です。乳酸菌にも多くの種類があります。代表はペデオコッカス・ハロフィルスで、この菌は高濃度塩中でも活躍できますから、糠味噌や塩蔵した素材を発酵する能力があります。一方、比較的低温で低塩の中ではロイコノストック・メッセイベントロイデスが働きます。乳酸発酵では乳酸を生成して酸っぱく、アルコールなど有用成分の産出と風味を与えます。乳酸菌以外は酵母です。サッカロマイセス属、トルロプシス属、デバリオミセス属などが代表的な種類で、アルコール、エステル、有機酸などを生成します。

ほかには酪酸菌、枯草菌1)も発酵を司り、一方

漬け物の分類

種　類	対　象	備　考
糠漬け	大根 人参 キュウリ、なす	天日干ししたあとに糠と塩を混合して漬ける
塩漬け	梅 高菜、野沢菜 らっきょう キャベツ、白菜	採取後そのままか天日干ししたあとに、揉み上げて塩を振り漬ける
無塩漬け	茶（碁石） スンキ漬け	素材を蒸煮したあと無添加で漬け込む

で麹菌も重要な役割を持っています。

野菜を漬けるときに塩あるいは砂糖を添加すると、細胞の半透明膜が浸透圧で破壊され、内外が通過できる透過膜になります。そうすると添加剤は細胞内部に入り込み野菜が持つ種々の成分と混合して旨味や風味を作り出します。浅漬けは細胞が少しだけ破壊された状態、本漬けは半分程度破壊されて旨味がよく引き出された漬かり方になります。古漬けは深い旨味と風味を生じます。

1）枯草菌は真性細菌の1つ。自然界の空気中、土の中などどこにでも存在します。納豆菌もこの一種。

33 漬け物の特徴
――日本各地で育った漬け物

日本は温帯モンスーン地域に位置しますから、四季があり多湿で温暖です。そのため微生物にとっては活動する環境が整い、自由に生育し増殖できる機会が与えられることになります。

特徴の第1は、漬け物は地域性を活かしながら多くの種類が作られてきたことです。漬け物は地域と歴史上からも有名ブランドになっています。漬け物は表に挙げたように北は北海道から、南は沖縄まで全国各地にあり、ここに挙げたのはごく一部です。

第2は漬け物の名前にもあるようにさまざまな素材を使用していることです。このような野菜の種類の多さは他国ではまったくみられないでしょう。

第3は漬け方に独創性があることです。漬け物はすべて独特の方法で、長い間智恵を働かせ改良を繰り返しながら独自の食味を追求し、販売においても差別化した優位性がある品質に到達してきました。独特の漬け方ができる要因にはその地域の気候条件もありますから、微妙な味はほかでは得られないものです。使用する漬け床は醤油、味噌、酢、味醂、塩、酒、麹があり、副材に酒粕、たまり（醤油）、焼酎廃液、からし、わさび、なども豊富です。

第4の特質は漬け方です。名前にも前漬け、本漬けと分けていますし、2度漬け、浅漬け、一夜漬け、古漬けなどキリがありません。中国にも漬け物はありますが、諸外国にはこのような漬け方を行う例はありません。

日本各地の漬け物

北海道	松前漬け（するめ、かずのこ、昆布）
秋田・湯沢	丸ナスの合香
	いぶりがっこ（大根）
	香菊（菊、大根、しその実、にんじん）
宮城・仙台	長なす漬け
山形	やたら味噌漬け
福島	キュウリの岩代漬け
栃木	ナスのからし漬け
東京	べったら漬け（大根）
	福神漬け（大根、茄子、しそ、ごまなど）
静岡	わさび漬け
愛知	守口漬け（守口大根）
京都	千枚漬け
和歌山	梅干し
奈良	奈良漬け（瓜、キュウリ、西瓜など）
福井	らっきょう漬け
島根	津田かぶ漬け
山口	寒漬（大根）
福岡	三池高菜漬け
熊本・阿蘇	阿蘇高菜漬け
熊本・水俣	寒漬け大根
鹿児島	山川漬け（大根）
沖縄	パパイヤ漬け

34 漬け物の効用
――機能性成分を多く含む漬け物

貧しい時代のご飯のおかずはやはり漬け物でした。現在は主菜で食べる機会は少なくなり、和食の口直しや酒の肴、お茶の添え物などで漬け物を食べます。日本人はいつも、そしていつの間にか自然に漬け物を口にします。しかし、漬け物を食べているときに健康上重要な効能を占めていることはあまり考えていないようです。でも、それはまったく違います。

野菜は生で食べる、加熱（煮る、炒める、揚げる、焼く、蒸す）して食べる、漬け物にして食べるという3つの方法があります。漬け物に加工する方法は野菜の保存と味を調整するためにとる最も有効な調理になります。魚や肉になく野菜だけしか持っていない成分には食物繊維があります。繊維組織は人体の腸内に到達したとき善玉菌の棲みかになり、乳酸菌の活動を活発にする効果があります。この状態は腸のぜん動を促して自己免疫を高める作用があります。便秘の主因は食物繊維の摂取が少ないことであり、免疫力の低下に繋がります。自己免疫は癌に対する武器になりますから極めて重要です。

野菜を生で食べることは野菜が持つ成分を直接インプットできるため栄養やビタミンの破壊がなく有効です。しかし、生野菜は硬さ、におい、水分の過多などがあるため、食べる量に限りがあります。加熱することは時間と手間がかかりますが、野菜の繊維質が軟化してたくさんの量を食べることができます。しかし、加熱によりビタミンが破壊され、野菜の風味がなくなります。

一方、野菜を漬け物に加工する方法はこの2つの短所を補うことができ、野菜が持つ成分を発酵により変化させて増強することができます。ビタミンAは緑黄野菜にカロチンとして多く含有しています。漬け物はビタミンAを破壊することなく、水分が抜けたときにさらに凝縮しますから、含有比率が多くなります。抗酸化力が強いため制癌的な働きをし、疾病の伝染抵抗性が高く、視力を高める機能、対くる病機能を持っています。東北地方ではビタミンAがリッチな食用菊を漬け物にして食べる習慣があり、この食材は的を射ています。

ビタミンBは生野菜と漬け物を比較すると、含有量が一桁増加します。特に糠《ぬか》味噌に漬けたときは異常なほど増えます。糠はビタミンBを多量に含みますから、野菜に浸透して凝縮します。ビタミンB不足時に発症する脚気《かっけ》は、疲れやすく、精気がなくなり、心不全や末梢神経障害を引き起こす厳しい病気です。ビタミンBは体内に取り込むエネルギー補給を促進し、不足すると皮膚炎、胃腸障害、低身長化などに至ります。体内で蓄積ができない成分であるため、毎日取り込む必要があります。糠漬けはそれらの疾病に対して適合した漬け物です。

ビタミンCは癌の発症を抑えると言われます。ビタミンCは人体の酸化を防いでカゼの予防にも効果があるとされています。生野菜や果実の摂取はビタミンCを壊すことなく取り入れることができますが加熱すると成分が激減します。そこで野菜を漬け物にするとビタミンCの消失を少なくすることができます。

漬け物に含有する成分で重要なミネラルはカルシウムです。人体の骨格を成長させ、維持し、自律神経の制御やすべての臓器に欠かせない成分です。カ

漬け物の健康性、機能性、薬食一覧

効　能	関連成分	漬け物名
癌予防	食物繊維、ジンゲロール、アリシン、β-カロチン、ポリフェノール、アントシアニン、ビタミンC、ビタミンR、β-カルボリン化合物	干し沢庵、ヤマゴボウ漬、ゴボウ漬、ショウガ漬、ニンニク漬、ワインラッキョウ、味噌漬け、ナス漬、広島菜漬、野沢菜漬
糖尿病対策	食物繊維、カプサイシン、β-カルボリン化合物、イヌリン	干し沢庵、キムチ、ヤマゴボウ漬、ゴボウ漬
血栓・動脈硬化防止	S-アリルシステインスルホキシド、メチルアリルトリスルフィド、アホエン、フコステロール	ニンニク漬、キムチ、ワカメ漬
疲労回復	ジスルフィド、青酸、ムメフラール	ニンニク漬、梅干し、梅肉エキス
骨粗鬆症	カルシウム	野沢菜漬、広島菜漬、高菜漬、カリカリ梅、ワカメ漬
整腸	食物繊維、乳酸菌	干し沢庵、ゴボウ漬、すぐき、糠味噌漬
胃潰瘍防止	カプサイシン、ビタミンU（メチルメチオニンスルホニウム塩）	キムチ、キャベツ漬、ザワークラウト
肥満防止	カプサイシン	キムチ
貧血予防	鉄分	小松菜漬
高血圧抑制	カリウム、γ-アミノ酪酸(GABA)、亜鉛、レニン-アンギオテンシン変換酵素	ワカメ漬、キムチ、糠味噌漬、ワサビ漬、山海漬
ボケ防止	抗酸化物質、噛む物質	沢庵
催眠効果	ラックシン、ラクチュコピクリン	山クラゲ漬
利尿作用	イソクエルシトリン	ピクルス、キュウリ浅漬
免疫力効果	インターフェロン、β-グルカン	すぐき、キノコ漬
活性酸素抑制	メラノイジン	奈良漬

出典：「漬物学」前田安彦、幸書房、2002年

ブ漬け、菜漬け、白菜漬け、沢庵漬け、キュウリの糠漬けなどに多く含んでいます。漬け物は加熱しないで食しますから、含有するカルシウムを直接取り入れることができます。

漬け物には乳酸をはじめとした多種の酸を含有しています。酸はクエン酸、リンゴ酸、旨味の元になるコハク酸などです。酸は運動や仕事をしたあとの疲れを取り去る役目をします。ドイツの化学者であるハンス・クレプス博士が人体内の酸の機能を解明しました。それは食物がエネルギーになるとき酸化して燃焼しますが、酸がその酸化・燃焼を助ける役目をするというクレプスサイクル理論[2)]を唱えました。

漬け物の健康性および機能性をまとめた表を参考に示します。この表から多くの漬け物が効能を持っていることがわかります。

体の調子が悪くなると決まって特定の野菜を多く食べる習慣がありました。胃が痛いときはキャベツの酢漬け、便秘にはゴボウの糠漬けや沢庵漬け、目がかすむと人参の糠漬けや菊の花の酢漬け、最近は前立腺肥大や頻尿対策にブロッコリーの糠漬けやニラの味噌漬け、疲労回復のために梅干し、らっきょう酢漬けとニンニクの味噌漬け、強壮に玉葱の酒粕漬けやセロリの酢漬け、咳止めに紫蘇の葉の醤油漬けなどです。

漬け物は多かれ少なかれ生野菜や加熱した野菜にはない素晴らしい機能性成分を含みます。

2)クレプスサイクルはTCAサイクルあるいはクエン酸サイクルとも言う。人体内の糖質や各種酸を代謝しながら分解して炭酸ガスを生じる循環回路のこと。

35 庶民的な漬け物①
―沢庵漬け、べったら漬け、白菜漬け

(1) 沢庵漬け

沢庵は日本を代表する大根の漬け物で糠と塩をうまく使って発酵した庶民食です。

沢庵は江戸時代の僧侶、沢庵和尚が発明したという伝聞があります。大根は栽培して大量に採れますから材料が安く手に入り簡単に作れて長期に保存が効くため、庶民に瞬く間に広がり食すようになりました。

大根は漬け方に向いた多くの品種があります。練馬大根は有名品種ですが、沢庵用には一部でしか使ってなく、ほかに阿波大根がありましたが地域の生産量が年々減少しましたから、沢庵の生産高は過去の30万トン弱から現在は9万トン台に減っています。

沢庵の基本的な漬け方は、大根を洗ったあと秋の乾燥して日和がよい時期に棚作りした桟に吊り下げて数日、天日干しします。大根は水分が少なくなると、しなびて容易に曲げられるようになります。これを樽に横にして糠と塩を混合して挟み込みながら密に漬け込みます。塩の量は干し大根重量の20%を目安にします。家庭の手作りでは昆布、鷹の爪、柚子の皮などを入れて風味を変えています。沢庵の鮮やかな黄金色はウコンの粉末（ターメリック）です。これに替えてクチナシの実に代替することも可能ですから、色合いを楽しむことができます。

天日干しにした大根は水分を抜くと成分が濃縮し、漬け込んだあとに糠にいる乳酸菌や酵母により発酵してデンプンを糖化して、アルコール、エステル、多くの有機酸などの成分を生成して旨味を生じます。

現在では大量に製造するために製造原価を低減して工業的に行っています。その製法は日干しをやめて塩類で脱水し、人工アミノ酸など数種の化学調味料を調合し添加した作りで、薬品の保存剤、着色剤などが入っています。

(2) べったら漬け

べったら漬けはべとつくと言う語彙からもきていて、漬け物の表面が麹と砂糖の粘性でねっとりして極甘の味です。

べったら市は毎年10月20日に東京・日本橋の宝田恵比寿神社門前で行われるお祭りで、もともとは、恵比寿様へお供え物用に魚や野菜を売るための市でした。このお供え物に漬け物が人気だったことから、べったら市と言われるようになり、東京では大勢の庶民が集まるイベントになりました。神社の周囲には数百軒の屋台が出てべったら漬けを中心に漬け物を販売し、大変な賑わいを見せます。

べったら漬けは大根を米麹に漬け込んだ漬け物で極甘の漬け物です。大根は大蔵、みの早生、紀州などの白首種を多く使います。まず前処理で大根の皮を機械的あるいはアルカリ性の液に浸けて剥ぎ、前漬けに塩を加えて数日間漬け込みます。そのあと本漬けは混合した米飯と米麹に入れて発酵熟成します。本漬け前に、砂糖、水飴、アルコール、酢酸などを混合した水溶液に数日間浸漬する方法もあります。

発酵のメカニズムは麹菌による機能で、大根の繊維を分離し、デンプンを多種のアミノ酸、有機酸、

べったら漬け栄養成分例（100g中）

エネルギー	6kcal	ナトリウム	120mg	ビタミンC	5mg
タンパク質	0.1g	カリウム	18〃	葉酸	1μg
炭水化物	1.4g	カルシウム	2〃		
食物繊維	0.2g	マグネシウム	1〃		

アルコールに変えます。大根が持つビタミンやミネラルも豊富です。ただし保存性が少ないため、小袋を開封したら冷蔵庫に入れて早期に食べる必要があり、浅漬け感覚で利用した方がいいでしょう。

(3) 白菜漬け

秋が深まると白菜が店頭にたくさん並びます。みずみずしく色白の白菜は美しい冬の野菜です。アブラナ科ですから、大根、カブ、菜の花などの仲間です。日本で栽培試験が始まった時期は明治以降です。白菜を玉のように結球させることが目的でしたが、種々手を加えて大正時代初期にやっと成功し、そのあとから一般に出回るようになりました。国内の野菜生産の中では大根、キャベツについで多く、過去の最大生産量は200万トンに迫るほどでしたが、現在は減少しています。

漬け方は、白菜を大きさによって2つ、4つに縦に切り分け、切断面に白菜重量の2～3％の塩を振りかけて横に並べて樽に密に漬け込みます。このとき、鷹の爪、昆布、柚子の皮を加えると味と色合いにバラエティが出てきます。1日で水が上がりますから、浅漬けで食べることができます。1週間乳酸発酵したときには、酸っぱさが出てきて味もうまくなります。この間の発酵は低塩時に活躍する乳酸菌によります。そのまま漬けておくと発酵が進みすぎてさらに酸度が強くなり、生地もしなびてきますから、家庭においてはポリ袋に移して冷蔵保存した方がよいでしょう。

36 庶民的な漬け物②
――奈良漬け、らっきょう漬け、味噌漬け

(1) 奈良漬け

奈良漬けは、平城京跡から発見された木簡に「粕漬瓜」と記されていたほど古くからあります。当時の酒粕も今のような品質でなくて濁酒状の滓だったと思われます。そのため、奈良漬けを作っていた所は、酒も造っていた場所でしょう。全国にこの製法は広がっていましたが、江戸時代に奈良県が名産地になり、「奈良漬け」として名称は一般化しています。

奈良漬けの野菜は瓜、キュウリ、生姜、隼人瓜、西瓜などを使います。瓜を縦割りしたら中の種子類を除去して洗い、切断面に塩を入れて1日天日干しします。塩の作用で脱水した瓜を再度洗って水気を切り、日陰で乾燥させます。容器（ガラス瓶がよい）の底に酒粕を敷き、半割した瓜の窪みに酒粕を入れて容器の底から並べ密に詰め込みます。瓜を1段目に漬け込んだら酒粕を入れて表面をならし、つぎにまた同じ手順で瓜を漬け込んでいき、容器が満杯になったら蓋をして上から虫の侵入防止のビニールで密閉します。酒粕は前もって多量の砂糖、焼酎、味醂を合わせて使用しますが、その割合は適宜です。JAS規格は糖度36度以上、アルコール3・5％以上、塩分5％以下と定めていますから、かなり甘い漬け物になります。

瓜は嫌気性条件で乳酸発酵すると同時に、酒粕に

残る麹の酵素および酵母で発酵が進みます。発酵によって糖、多くの有機酸、ミネラルが生成されます。酒粕にはもともとアルコールが少量残存していますが、新たに糖化してアルコールが付加され、多様な濃い風味の旨味が出てきます。栄養価も高い発酵食品になります。

（2）らっきょう漬け

5月の初夏にはらっきょうが出回ります。らっきょうはニラの仲間で、硫化アリルの刺激臭があります。

らっきょう漬けは多くが無発酵の漬け物です。塩漬け、醤油漬け、酢漬け、焼酎漬けがあります。日本人がらっきょうを食べる機会は少なく、多くはカレーライスの添え物として口直しに食べる程度です。

らっきょうは購入したら翌日には芽が出ますから、即日にすぐ泥を落としてきれいに水洗いします。茎と根を切り薄皮を剥いだあと、容器（ガラス瓶がよい）に塩を振りかけながら漬け込み重石をします。数日で取り上げたら、本漬けは酢を水で割り、砂糖、味醂、鷹の爪を入れて保存します。期間

らっきょう漬けの効能例

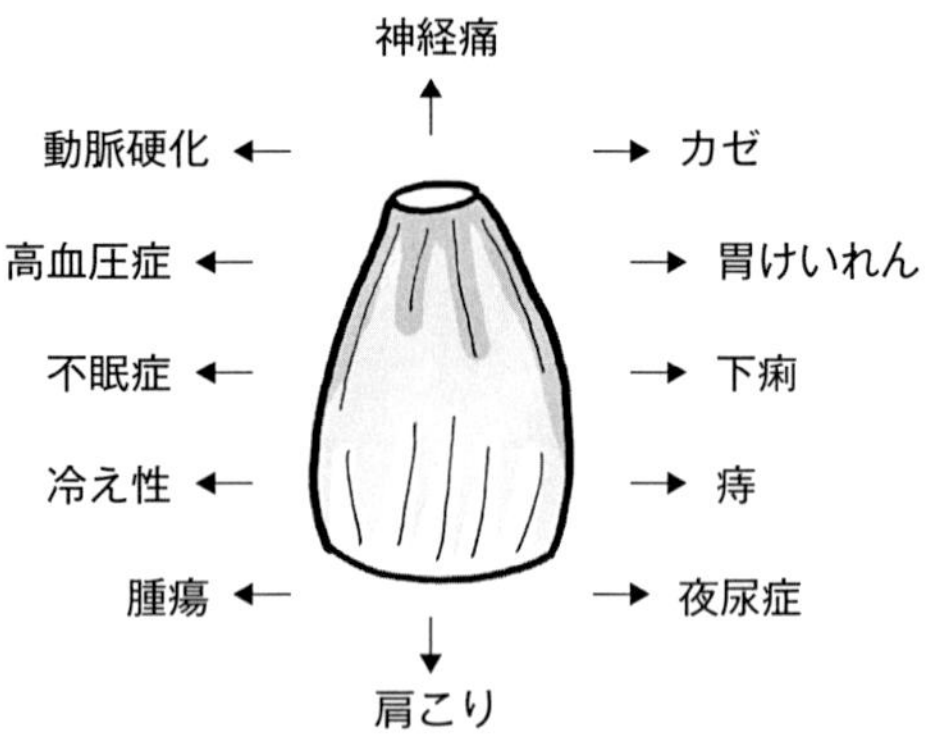

が長くなればなるほど漬け汁がらっきょうに染み込み、色調が黄色から浅い茶色になり、味も変化してきます。

らっきょう漬けの効能はらっきょう自体が抗菌性を持ち、抗酸化作用、血液凝固抑制作用、利尿剤として有効で、食物繊維が多いため整腸剤、下痢防止の効用が期待できます。含有成分はアリシンが抗菌性とビタミンBの吸収を手助けし、疲労回復、強精効果があるとされます。

沖縄特産の島らっきょうはやや小振りですが、味が凝縮していて濃い風味がします。

(3) 味噌漬け

味噌漬けは主として赤味噌の中に肉、魚、野菜、その他の加工品を漬け込んで作ります。前処理では、肉や魚は自己消化しないように火入れしてタンパク質を凝固し、野菜類および加工品は天日干しして脱水するか、塩をまぶして水気を少なくします。

味噌漬けは糠漬けと並ぶほど野菜を多量に漬け込んできましたが、最近は家庭でもその機会が少なくなり激減しました。それは味噌が持つ旨味の基であるアミノ酸が醤油などと比較して少ないからでしょう。

工業的には人工の化学調味剤のグルタミン酸ソーダを主剤として味噌に化学調味剤を入れて旨味を増し、そこに漬け込む方法をとっています。

味噌に漬けた豆腐があります。熊本の五木村、八代市泉町五家荘に伝わる山ウニ豆腐は平家の落武者が保存食として開発されたと言い伝えられています。なかなかの逸品で、「東洋のチーズ」とも称した珍しい食品です。

37 一味違う郷土の漬け物 ――高菜漬け、豆腐よう

(1) 高菜漬け

高菜は小松菜に似たアブラナ科で、大きく育つ野菜です。熊本・阿蘇に阿蘇高菜、福岡・南に三池高菜があり漬け物は名産品です。

三池高菜は3月末には株が力強く太り、茎が隆として盛り上がって青々となり高さが50センチほどに成長します。葉と茎は軟らかくて食べるとイソチオシアン酸アリル成分の辛みを感じますから、生食しないで漬け物として利用します。

三池高菜は根が太いため切り取り、色変わりした外側の下葉を取り除いたあと簡単に泥を除去して2、3日天日干しします。このとき裏返して干し、しなびてきたら漬け込む素材の準備ができます。

干した高菜は葉を1枚ごとにめくって葉の間に塩を振ります。全体に塩をまぶしたら横にして手で全体を揉み上げます。揉み終わった高菜を横向きに強く押しながら木樽に高密度に入れ込み、1面を入れ終わったら全面に塩を振りかけ、それを繰り返して木樽に充填します。上まで漬け込んだら最上面に塩を振りかけて中蓋をし、高菜と同重量の重石を載せて、虫の侵入を防止するためにビニールでカバーして閉じます。

数カ月間に渡って乳酸発酵が進みます。1、2カ月でも食べられますが、半年から1年熟成した品は緑色が濃くなり熟れて旨味が出てきます。これが高

高菜の漬け込みポイント

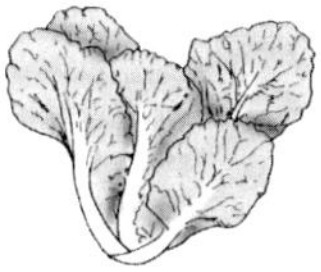

天日干しした後に菜の表面と間に塩を振りかける

しなしなになるまで手で揉み上げる

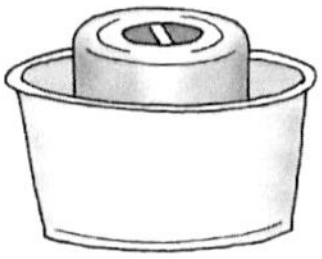

強く押し込みながら一面漬けたら塩を振り、上部まで充填する。中蓋をして重石をのせて発酵

菜の古漬けです。漬け込むときに唐辛子や柚子の皮を入れると味が多彩になります。

(2) 豆腐よう

1965年、本土復帰前に沖縄を訪れたときに初めて食べた豆腐ようはそれまで経験したことがない珍味でした。赤く染まったドロドロの汁がかぶった豆腐ようは、食べ慣れた豆腐とはまったく異なって、とろみがあるウニか軟らかいチーズ状の滑らかな食感の食べ物でした。アルコール濃度が高い泡盛に対して見事に合致した酒の肴です。豆腐ようは豆腐が持つ高タンパク低脂肪のヘルシー食品で、麹が持つ各種の酵素が栄養的にも優れています。

豆腐ようは中国から18世紀末から19世紀の初頭に琉球に伝来したとされ、王朝時代に宮廷料理として取り入れた以降、庶民の間にも広がりました。現在も沖縄を代表する食品の1つです。

豆腐ようのつくり方

島豆腐 → 切り分け → 脱水硬化 → 仕込み → 熟成

（脱水硬化：塩でまぶす）
（仕込み：紅麹、米麹　泡盛（度数35%））

豆腐ようは固く作った島豆腐（沖縄豆腐）を使います。豆腐造りに際しては、国内のメーカーが一般に大豆を蒸煮したあと豆乳を作る方法に対して、島豆腐は生大豆を破砕したあとこして豆乳を作り、煮たあと成形します。島豆腐は固い生地です。この豆腐を3～4センチ角、厚さ2センチ程度のモザイク状に切り分け、表面に塩を振りかけて脱水し、米麹や紅麹を入れた泡盛（アルコール度数35％）の漬け汁に長期間漬け発酵して作ります。麹が持つ風味が独特で、漬け汁から出る酵素により発酵が進み、熟成するにつれてまろやかさが生まれ、半年もすると表面が白から美しい紅色に染まってきます。

使用する豆腐は型くずれしない固さが必要です。また米麹は一般に日本酒に使用する種類を使いますが、紅麹は手に入る機会が少ないと思います。紅麹は糸状菌の一種でベニコウジカビです。この中にモノコリンKという成分がありコレステロール低下作用があります。紅麹作りは麹種の増殖力が弱いため条件の制御が困難です。よって国内で販売する大手の商品を利用する方が得策です。

豆腐ようは米麹、紅麹、泡盛の添加量比によって味わいが異なります。試作して口に合う条件をつかむことが必要です。

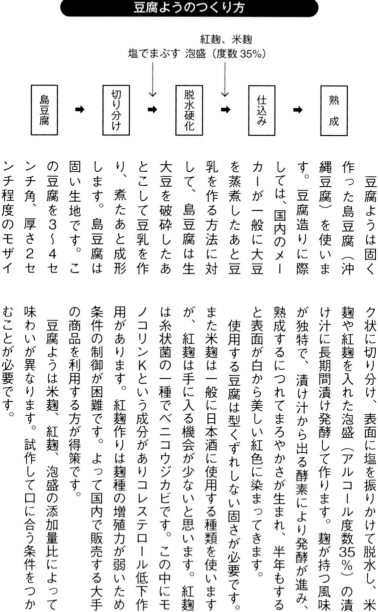

第6章

世界の発酵食品

38 東南アジアの発酵食品
――テンペ、プト、ナタ・デ・ココ

(1) テンペ

テンペはインドネシア・ジャワ島に生まれた大豆の発酵食品で、日本の納豆によく似た臭気がします。しかし、ネバネバ感と糸引きの状態は納豆と比較するとわずかです。発酵には納豆菌ではなくテンペ菌というクモノスカビ種の麹を使います。蒸煮した大豆を冷却して薄く延ばしたところに、テンペ菌を振りかけて30℃で1～2日発酵させます。カビによる発酵です。大豆の表面には白いカビが生えて内部の隙間も埋め尽くされます。発酵が長くなりすぎるとやや黒ずんできます。納豆のような強いにおいはなく、日本人でも食べやすく、そのままでも、揚げ物にしても、ミキサーでペーストにしてスープ仕立てにしてもいただきます。

テンペ菌はネットで販売していますから家庭で安易に作れますが、良い品質を作る方法や失敗しないためには、つぎのような処理をします。

①大豆は1日浸漬して皮を剥く
②蒸煮した大豆に微量（大さじ1）の米粉を添加して混合する
③テンペ菌を振りかける際に乳酸を加える

テンペ菌はできあがったテンペを粉末にして冷凍保管し、種菌として使い続けることができます。

インドネシアの人々はテンペを揚げ物、炒め物、煮物、サラダ、スープ、シチューなどに使って多彩

テンペの作り方

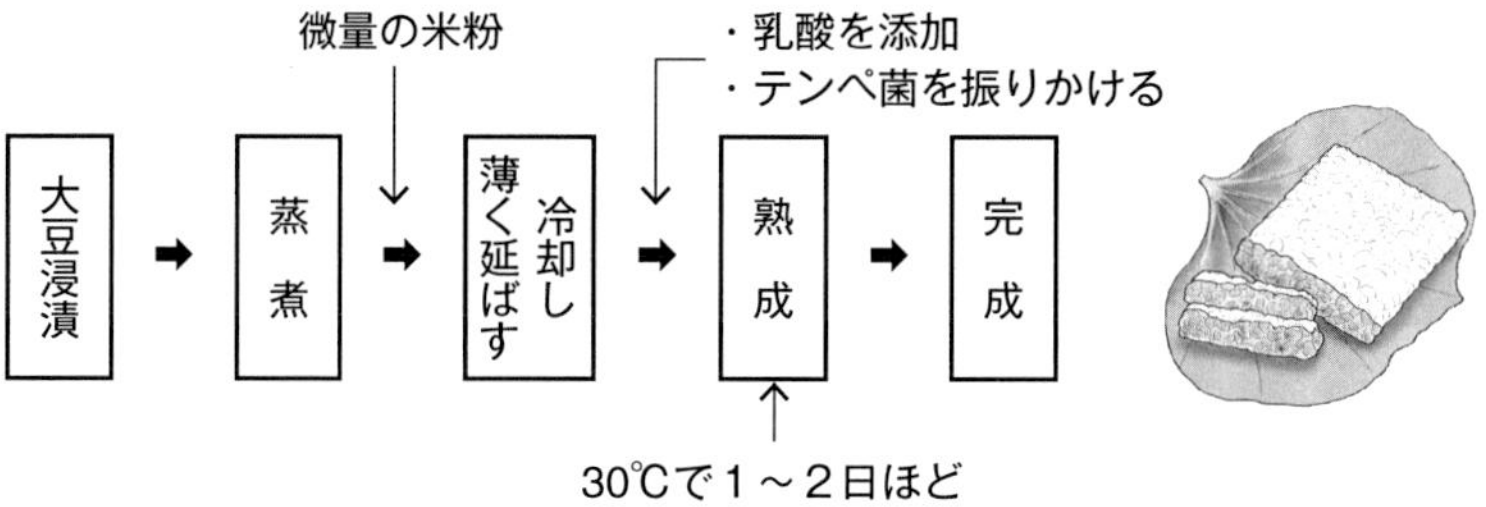

プトの作り方

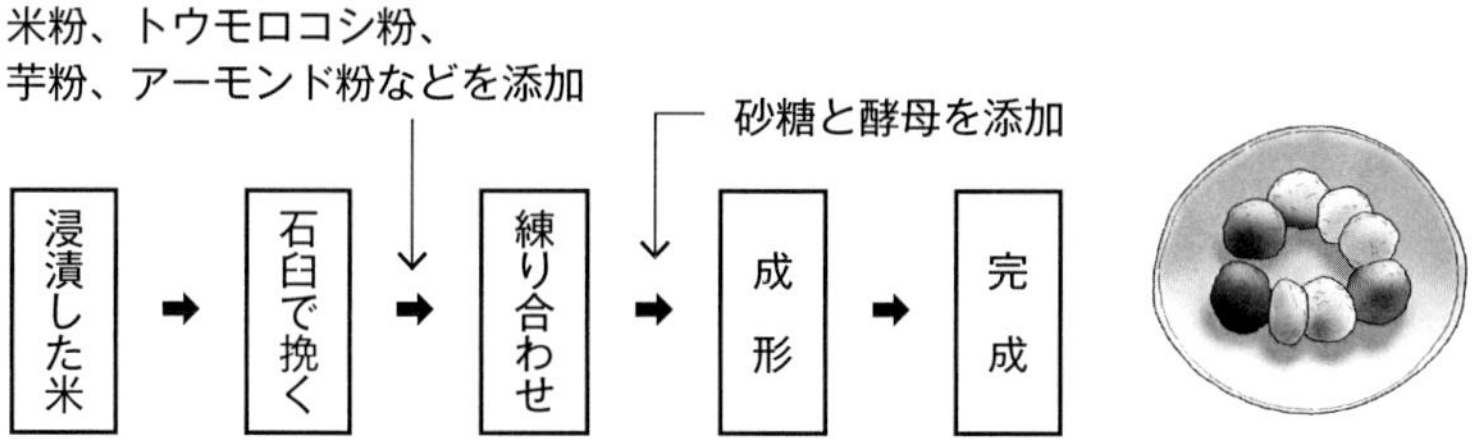

ナタ・デ・ココの作り方

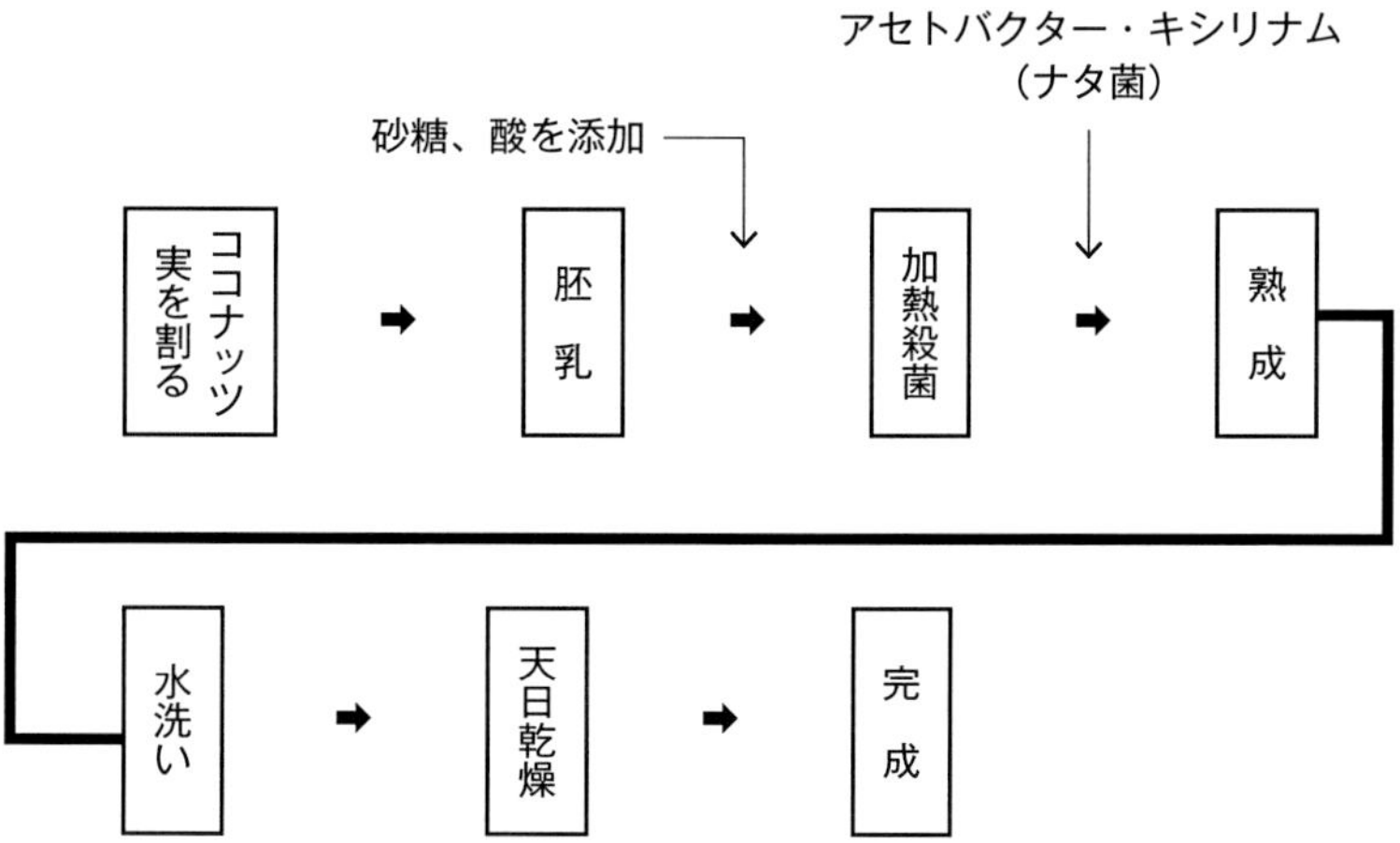

な食べ方をしています。テンペは大豆タンパクが豊富で、テンペ菌の作用で胃腸の消化吸収が良くなります。日本人の食習慣として納豆嫌いな方々には代替できる発酵食品になりますし、欧米でも使用が徐々に増えてきています。

テンペの栄養成分はタンパク質が多種のアミノ酸(グルタミン酸、アラニン、リジン、ロイシン、アスパラギン酸など)を非常に多く含有していますし、各種の脂肪酸のうち不飽和の脂肪酸が多いため、血管を強化し循環器系の疾患に対して効果があります。食物繊維も切断分離されて腸内のぜん動を活発にしますから、優れた健康食品です。最近の研究でテンペに優れた抗酸化性があるため胃腸、肝臓、腎臓の疾患治療に有効であることが認められています。

大豆に替えて豆腐を作った際に派生するおからに、テンペ菌を植え付けたおからテンペは未使用材の有効な利用ができ、珍しい味の発酵食品になります。

(2) プト

フィリピンにある数センチの丸い餅菓子です。米粉、トウモロコシ粉、芋粉、アーモンド粉などを使い、練り合わせて成形し蒸します。沖縄にムーチー[1)]がありますがまったく兄弟のようなものです。

フィリピンはスペイン戦争を経験し、アメリカの支配があったため洋菓子的な食品が生まれています。プトはおやつ代わりになる大衆食品です。

米を充分浸漬したあとに石臼で挽いて粉を作り、これをベースにして種々の粉を添加混合し練り合わせたら砂糖と酵母を添加し成形します。酵母にはパン用イースト菌を使いますが、以前は作り続けたプトの生地を保管していました。伝統的な製法では、雑菌の侵入を防止するために少量の灰汁を入れてpH値を高くすることができます。

1)ムーチーは白玉粉（餅米の粉）を特産の月桃の葉で包み込み、蒸し上げて作るお菓子。旧暦12月8日は縁起物として祈願のお供えし、みんなで食べる。

(3) ナタ・デ・ココ

ナタ・デ・ココの「ナタ」は液体表面を覆う膜を意味し、ナタ・デ・ココはココナッツの上澄み液の皮膜の意味になります。

ココナッツの実を割り、胚乳を採取して乾燥させると、粉ができますが、粉にする前の汁に砂糖、酸を添加して加熱殺菌したあと、酢酸菌のアセトバクター・キシリナム種菌（ナタ菌とも言う）を加えて発酵させます。酢酸菌により表面に寒天状の分厚いゲル状の菌膜ができますから、これを水洗いして天日乾燥すると繊維質の物質ができあがります。

コンニャクのような物質はやや硬く、シロップ漬けにしてデザートに向きます。日本では1970年頃からデルモント社が瓶詰め、缶詰で販売したところ人気を博し、ダイエット商品として一時期ブームになりました。低カロリーの特定保健食品として認定されています。

台湾でこれを利用したイカ刺しを食べた経験があります。食感が硬いので、スライスして擬似イカになっていました。ほかにはサラダ、和え物にも向きます。

食のブームは去りましたが最近の研究ではナタ・デ・ココが含有する99％の水分を飛ばして繊維（セルロース）だけの骨格構造を持つ工業製品（テレビ用ディスプレイの透明基板）の試作が行われて一部実用化されています。

39 中国の発酵食品 ――卵白粉、ウーロン茶、固体発酵酒

(1) 卵白粉

中国では、卵白を発酵させて真っ白い乾燥粉末(卵白粉)を作る技術があるようです。日本では、単に卵白を粉末にしたものを「卵白粉」と言っています。

中国の卵白粉の発酵のメカニズムには諸説があり、卵白粉の性状は発酵により変化しているはずですが詳細は不明です。卵白にはリゾチームという溶菌酵素があり、発酵菌の活動を抑制すると推定されています。中国の卵白粉はお菓子の材料に向いていると言います。

粉末化する方法は機械的にできますが、カビの助けを利用して卵白を発酵する試験を行い、味が淡泊な卵白のタンパク質を旨味成分(アミノ酸)に変えることができました。この発酵方法によって卵白が変質したあとに粉末化できると考えています。試験の途中ですから詳細は割愛します。

卵白粉は麺に混ぜて練り込むと、茹で上げ時の麺の伸びを抑え麺表面に艶ができて美しくなり、食べるときの歯切れ感が改善する特性があります。これから伸びていく食品になり得るでしょう。

(2) ウーロン茶

ウーロン茶の木は丈夫で大木になり、葉はタンニン(カテキン類)の苦汁成分を含みますが、茶葉の

生産は中国と台湾、インドだけで世界の過半を占めています。

発酵度合いを基準にしたお茶の分類を紹介しましょう。

①緑茶：未発酵で、釜炒り、蒸し、揉捻工程によってお茶にします。

②青茶：半発酵したお茶でウーロン茶はこのカテゴリーに入ります。

③紅茶：完全に発酵したお茶です。

④黒茶：カビを付け、乳酸菌で完全発酵したお茶で、高知大豊町の特産茶（碁石茶）などがあります。

発酵度合いから見たお茶

発酵度合い	お茶の種類
不発酵	緑茶
半発酵茶	青茶（ウーロン茶、鉄観音茶など）
完全発酵茶	紅茶
後発酵茶	黒茶（プーアル茶、碁石茶など）

お茶の葉は、すべて「カメリアシネンシス」というツバキ科の茶の樹からできている

ウーロン茶は中国福建省の武夷岩茶や鉄観音の名前が知られ、台湾では阿里山など高山茶が世界的に有名で質が高く、飲み方通りの手順で飲むと芳香が高く深い甘味と旨味が感じられます。

ウーロン茶の作り方を紹介しましょう。

①生葉積み：若葉よりやや成長した葉を選びます。

②日干し：天日干しして水分を飛ばします。

③室内乾燥：低温で乾燥を進めます。

④回転発酵：回転機内に入れて回しながら発酵を促進します。組織がやや壊れて発酵が進みます。

⑤釜炒り：釜で炒り、組織内の酵素を失活します。

⑥揉捻：揉捻機により組織を破壊します。水分の調整ができます。

⑦締め揉み：布に入れて包み込み、揉んで締め上げる、を繰り返しながら塊にします。

⑧玉解き：分塊して広げます。

⑨乾燥：広げて乾燥します。

⑩荒茶：乾燥が終わったら荒茶として通風がよい室内で保管熟成します。

発酵は葉の内部に含有する酵素が、タンニン成分を餌にして増殖しながら組織の切断や揉捻によって自己発酵を促進し、細胞の破壊、含有成分の変質（糖や、旨味成分の生成）を行うメカニズムになります。このほかにポリフェノール、タンニン（カテキン類）、カフェインなどの成分を含有します。

これらの成分のうち、タンニンは癌予防、血圧調整作用、抗菌、抗ウイルス、虫歯予防ができ、カフェインはコーヒーと同じように利尿や覚醒の作用を持ち、多糖類が血糖を低下し、テアニン成分が緊張緩和作用を促すとされています。

（3）固体発酵酒

日本の酒造りは液体発酵によります。中国には「白酒」というお酒があり、固体発酵して造る伝統的なお酒です。酒造りに欠かせないものは、原料の穀類と水です。日本は水の国でもあり、至る所にふんだんに湧き出てますし、河川の水もきれいです。日本酒造りは、新鮮でおいしい水が安く豊富に手に入る地域で発展してきました。

中国の水事情はどうでしょうか。黄河や揚子江の水質は良好とはいえません。水を処理して飲料にする技術や設備も遅れています。

このような環境や地理的条件の中で、酒造りのために、豊富で良質な水を得るには困難な地域があります。ここに酒の液体発酵に替わる固体発酵という稀な酒が出現したと推測できます。

固体発酵による酒造りのあらましはつぎのようになります。穀物（キビ、トウモロコシ、コーリャン、麦など）を砕いて蒸煮します。冷却したら麹と合わせて固体発酵する穴に入れます。穴は土間に畳の面積よりやや広く、1間ほど（約2m）深く掘り

固体発酵酒（白酒）の造り方

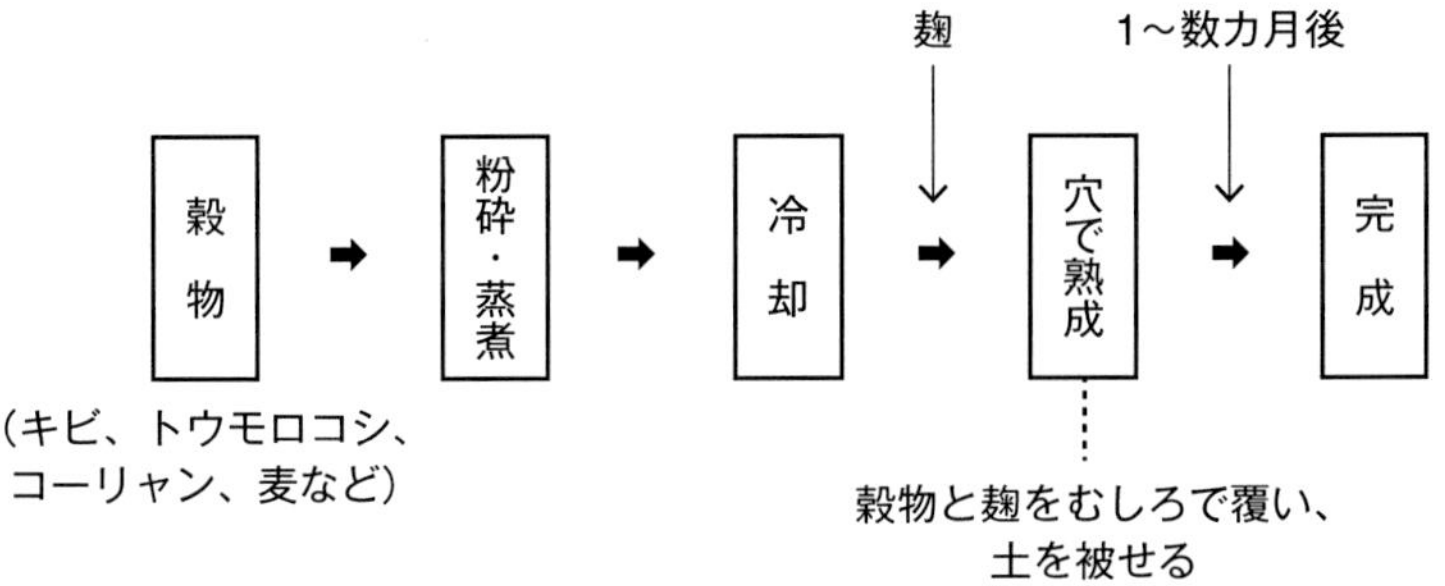

古代でも固体発酵法による食品は作られてきたが、現在でもこの方法を利用している例は少ない

下げています。穀物と麹を入れたらむしろで覆い土を被せます。これで仕込みが終了します。発酵期間は1～数カ月間で、この間に穀物のデンプンが糖化し酵母によってアルコールが生成します。酵母は永年に渡り穴に住みついた自然酵母で、環境条件に順応して生きています。この酵母はそれぞれの穴に棲みついて特有な性質を持つので、糖を分解するときに特徴があるさまざまな物質を生成し、その穴で発酵してできる独特の旨味、風味を持っています。固体発酵が終わると内容物（穀物など）を掘り出して蒸留し、高濃度のアルコール分を含む蒸留酒の白酒（バイチュウ）を得ることができます。蒸留した残りカスを豚の餌に利用します。

世界を見ても稀な固体発酵法による酒は芳香が強く、アルコール度数が50％を超えます。薫りを高くする数々のエステルと有機酸類を多く含有するためです。

40 ヨーロッパの発酵食品①
――紅茶、チーズ、ヨーグルト、パン

(1) 紅茶

紅茶の原産は中国ですが、今ではイギリスで最も飲用されているお茶です。国民1人当たりではアイルランドが多いという統計もあります。

紅茶を作るときのメカニズムは発酵を伴います。生葉を摘み取ったら棚に薄く重ならないように広げて乾燥します。このとき葉はしぼんで水分が抜け重量が半減します。つぎに葉の細胞を破壊するために揉み上げます。工場などの製造工程では揉捻機にかけて大量処理しています。細胞を破壊すると葉の中の酵素が活性化して発酵し始めますが、高湿度、常温の発酵室内で数十分間促進すると葉が黄土色から赤い色に変色し、香りを発散します。このまま発酵を続けて熟成し希望の風味と味を決めますが、製品にするときは発酵を止めるために火入れを行い酵素を失活します。

17世紀、イギリスはオランダ経由で中国の緑茶やウーロン茶を輸入していました。18世紀、中国では、ウーロン茶を進化させた紅茶（キーマン紅茶）が生まれ、イギリスへと輸出するようになりました。19世紀になると、イギリス統治下のインドのアッサム地方で、野生のお茶の木が発見され紅茶の栽培・製造が始まります。その後、紅茶の栽培・製造はセイロン島、インドネシアと広がっていきました。

(2) チーズ

チーズは、家畜乳を原料にして凝固と発酵の過程を経て作った食品で保存性があります。古代人は乳の保存や運搬に苦心していたようですが、乳中の水分を除くことでそれを可能にしました。アラブの商人が羊の胃袋を干して作った水筒に山羊の乳を入れて旅したとき、乳が元の液体ではなく澄んだ水と塊に変化したことが、チーズ発見のスタートと言われています。

チーズは製法によって、加熱、非加熱に分けられます。

①プロセスチーズ（加熱処理したチーズ）

加熱（火入れ）により発酵を止めて長期に保存できます。

②ナチュラルチーズ（加熱処理しないチー

ナチュラルチーズの分類

軟質チーズ	フレッシュチーズ：乳にレンネットを加えて凝固し、ホエー（乳青）を除去した未熟成のチーズでカッテージ、モッツァレラチーズがある。
	白カビチーズ（ホワイトチーズ）、ウォッシュチーズ、山羊乳チーズ（シェーブルチーズ）：チーズ表面にカビを植えて熟成したチーズで、カマンベールチーズなどがある。
半硬質チーズ	セミハードチーズ：チーズ内部に青カビや他のカビを植え付けて熟成したブルーチーズやゴーダチーズがある。
硬質チーズ	ハードチーズ：加熱後に塩を混合して脱水し長期に熟成したチェダーチーズやパルメジャーノ・レジャーノなどがある。

各国の代表的なチーズ

オランダ	ゴーダチーズ
フランス	カマンベールチーズ
イギリス	チェダーチーズ、カッテージチーズ
イタリア	モッツァレラチーズ、パルメジャーノ・レジャーノ
スイス	エメンタールチーズ

ズ）

非加熱で、熟成の方法を変えて質感を差別化しています。多種類のチーズがこれに当たります。

さらにナチュラルチーズを細分すると、表のように基質の硬さの違いによる分類ができます。

発酵は地域の特有なカビを利用してさまざまな風味や色調、硬軟、旨味をかもし出しています。プロセスチーズの成分例では100g当たり炭水化物が3・7gと少なく、脂肪31・8g、タンパク質18・1gと高含有になります。またアミノ酸類は非常に多く、ビタミンはCを除く各種を含有し、ミネラルではカルシウムが特に多く、マグネシウム、カリウム、亜鉛などが豊富です。ビタミンCを補給したら正に完全無欠の健康食品と言えます。

（3）ヨーグルト

家畜の乳に乳酸菌を働かせて作る発酵食品です。乳は搾乳したあと保存性を高めることが第1の目的です。ヨーグルトはトルコ語の「揺する」あるいは「攪拌する」という意味から発祥したようです。もともとヨーグルトの原形は数千年前からあったとされ、類似のヨーグルトは世界各地に存在していますが、ロシアの医者メチニコフがロシア支配下のブルガリアに旅行した後、長寿食として紹介して、世界中に名前が広まりました。

乳がヨーグルトに変身するためには、乳酸菌であるブルガリア菌、ラクチス菌およびサーモフィルス菌が発酵を促進します。

ヨーグルトの作り方は簡単で、乳を殺菌したあと乳酸菌を入れて30℃程度の室温に1昼夜置けば完成します。水分が多いので、脱水すれば濃密なゲル状の固形分が取れ、そのときの液体はホエーと言い栄養分があります。

各地で使用する乳酸菌には多くの種類がありま

す。適正な発酵温度もまちまちで、低い温度（20℃程度）からやや高い温度（40℃程度など）の範囲です。乳酸菌の種菌は市販されていますが、販売しているヨーグルトを小分けして種菌に仕立てることが可能です。また自然界からすぐれた菌を選んで使うこともでき、ブルガリアでは、サンシュユ（黄色い花と赤い実をつける落葉小高木、実は漢方薬になる）に付着する菌を使って差別化したヨーグルトを作っています。

ヨーグルトが持つ機能性に関しては多くの医学的な研究報告があります。たとえばヨーグルトには整腸作用があります。腸内の悪玉菌の1つウォルシュ菌[2)]に作用して死滅させ、その代わりに善玉の乳酸菌を増殖し活性化する効果があるとされます。整腸作用以外にアレルギー症や花粉症を防ぎ、免疫力を高めると言われています。成分上はヨーグルトに発酵すると乳中のビタミンCが増加することも知られています。

2）ウォルシュ菌は河川、海域、土壌など自然界のどこにでも存在している嫌気性の桿菌（細胞が細長い棒状を示す原生動物）である。哺乳動物の腸内に常在して、多くの毒素を作る悪玉菌の1つ。

(4) パン

パンは永い歴史を持っています。紀元前に大麦をお粥状にして食べていたとき、食べ残しのお粥が自然の酵母や乳酸菌によって発酵し、膨潤したため、これを焼いてみたら旨い食べ物（パン）になったという経緯が書かれた古文が発見されています。時代が下るとともに素材がライ麦や大麦から小麦に代わり、粉を作る方法も工業化して大量に製造するようになり、現在のパン製造が確立しました。現在、酵母は単一培養したパン用イースト菌を製造して利用しています。

パン発酵のメカニズムは小麦粉を水で溶いて塩と

出芽酵母（サッカロミセス・セレビシエ）

●酵母、イースト菌ともいう。
●アルコール発酵を行うため、
　そのときに出る二酸化炭素でパンが膨らむ。
●アルコールは、加熱により蒸発。

おいらが、
ふっくらしたパンを
作ってるんだぜ～

出芽酵母（イースト菌）を加えて混練したあとパン生地を作ります。この生地は酵母の作用でアルコール発酵して炭酸ガスを発生しますが、ホイロ[3)]で保温する工程は適温で発酵を促進するためです。炭酸ガスの作用でパンは膨れますから、1次、2次発酵を経たあと焼成すると見事なパンができます。

小麦を粉末に加工すると保存ができ、種々の形に作ることができますから、世界中で特有のパンが無数に存在しています。日本では食パン、コッペパン、菓子パン、揚げパン、バターロール、乾パンがあり、一般的になった外国品ではバゲット（仏）、スコーン（英）、マフィン（英）、ビスケット（英）、ピザ（イタリア）、デニッシュ（デンマーク）、ピロシキ（ウクライナ）、ベーグル（米）、ナン（インド）などがあります。

3) ホイロとは、パンや饅頭を製造する工程中の発酵を促進する機器のこと。

41 ヨーロッパの発酵食品②
――貴腐ワイン、ザワークラウト、シュールストレミング

(1) 貴腐ワイン

貴腐《きふ》ワインは17世紀にハンガリー・トカイ地方で偶然によって発明されたワインです。その偶然的な事件は例年ブドウを収穫する時期にオスマントルコの侵略があり、採取できずに白ブドウが蔦に下がったまま、房の表面にカビが発生してしまったことによります。このカビは後年の調査によると、ボトリティス・シネレアといい、房全体を覆ってしまい、他の房へ感染します。これが貴腐ブドウです。貴腐ブドウができたことが幸いになりますが、このカビは（ブドウ表皮のクチクラ層内のワックスを分解し）果汁の水分を飛ばして凝縮し、極めて香りが高く、食べると甘さが突出しますから、ワインに仕込むと甘口の極上貴腐ワインが完成します。

ボトリティス・シネレアは野菜や果実に恐れられる病原菌であり、一般にブドウが感染すると生食や通常のワイン作りに支障があります。しかし、白ブドウに対してはカビが水分を減少させて皺が出るほど乾燥させ（干しブドウ状）、糖度をＢｒｉｘで50前後にも上げ、独特の芳香を生み出します。

現在はハンガリーのトカイ地方以外に、ドイツのライン地方、フランスのボルドーが産地です。日本では山梨産などがありますが、トカイの貴腐ワインは味の濃さや旨味、香りが飛びきり際立っているそうです

貴腐ワイン

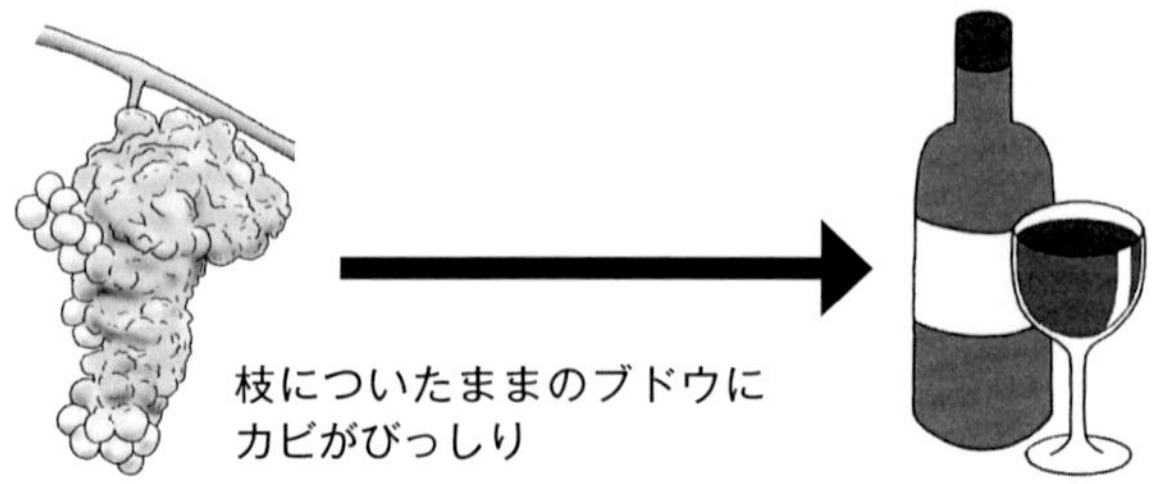

（2）ザワークラウト

ドイツでは蒸し物、炒め物などの料理に必ずザワークラウトを添えて出しますが、生のままの場合より煮て食べることが多いようです。

ザワークラウトは数ミリ厚に刻んで煮ていましたから、軟らかくしなしなしていました。口にしたときの評価は非常に酸っぱいという印象で、日本の漬け物のような旨味が少なく、とても好きになれませんでした。しかし、脂が多い肉料理を食べたあとには、口中の爽やかさを保つ良い素材です。

そこで帰国してから自分で作ってみようとトライしました。日本製の爽やかなザワークラウトを目指します。ドイツで作るザワークラウトは主な原料に紫キャベツを使います。

作り方はキャベツがとれる春秋の時期を選んで漬け込みますが、夏は発酵が短期間に進み過ぎて腐敗しやすくなり、冬は逆に発酵が進みません。容器は陶磁器の瓶あるいは木樽が適していますが、ほうろう容器かポリタンクでも可能です。まずキャベツ（白、紫でもよい）を2ミリ幅に細く刻みます。刻みキャベツの重量に対して2・5％の天然塩をまいてよく混合します。発酵用の容器内には前もってビニール袋を敷き入れ、その中に塩と混合したキャベツを強く押し付けながら空気が入らないように充填します。最後はビニール袋の口から空気を押し出して密封します。中蓋をしてキャベツと同重量の重石を載せます。２週間前後で発酵が進み、酸っぱい液が上がってきます。これは酸度が１％強の乳酸です。嫌気性の乳酸発酵が進んでいるからです。

発酵したキャベツは火入れして発酵を止めたあと瓶詰めして保管します。副材として生じた液は加糖してザワークラウトジュースとして乳酸菌飲料の健康ドリンクに利用できます。紫キャベツの場合は透き通ってきれいな赤いジュースになります。

ザワークラウトと同類の漬け物は冬に野菜がとれない北欧、東欧、ロシアにもあります。

大航海時代は乗組員がビタミンC不足による壊血病に罹患して死に至る例が多く、その対策が未解決でした（後年、大豆を発芽した大豆もやしが利用できることを発見）から、その常用食として利用しましたし、ドイツ軍はザワークラウトを重要軍需品に指定していました。

（3）シュールストレミング

ニシンの塩漬け缶詰でスウェーデンの伝統的な発酵食品です。世界で１番の異臭を発散する食品と言われています。

缶詰は通常殺菌して保存性を高めていますが、シュールストレミングは産卵前のニシンに塩を添加して樽に１カ月余漬け込みます。発酵は自己酵素による嫌気性の乳酸発酵です。その後、発酵中のニシンをそのまま缶詰にします。まだ発酵したまま火入れしないで缶詰にするため、缶詰内部で嫌気性の乳酸発酵が続きます。この状態で缶詰を販売しますが、発酵が進んでいるので缶内部に炭酸ガスが充満して缶の外形が膨張します。そのため、缶の開け方に工夫がなされて特別の方法が推奨されています。屋内で開けることは極めて危険です。

シュールストレミング

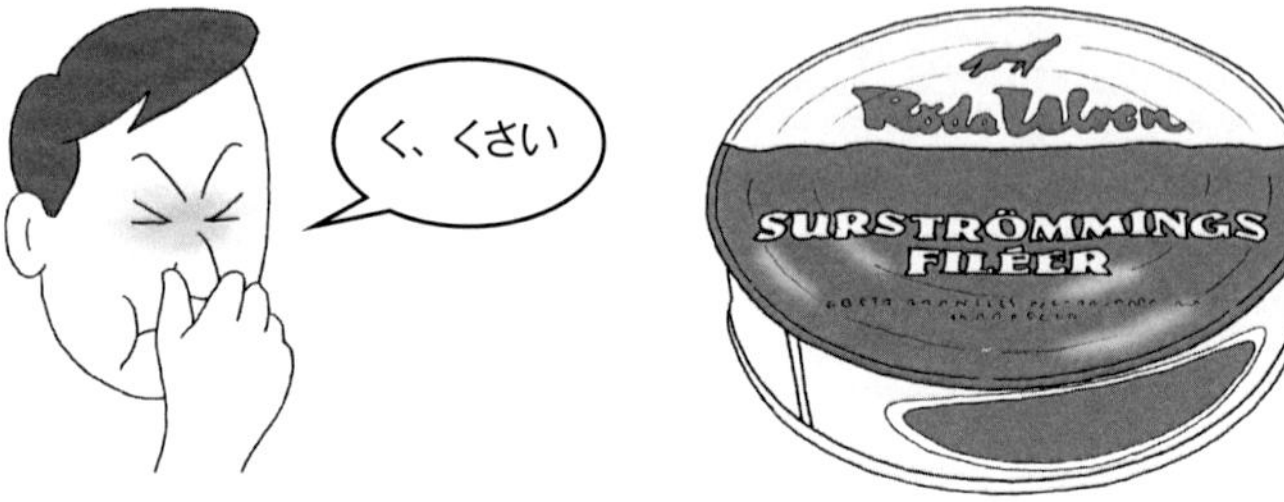

異臭の元はプロピオン酸、酪酸、硫化水素、酢酸などで、たとえれば魚が腐敗したにおいに類似していると言われます。

缶詰は発酵条件が変わりますからエキスの多少、自己消化度、液と固形の容積比などさまざまです。スウェーデンの北部ではスーパーで販売して多く食され、純正品は国外に船便で輸出しています。

航空機で運ぶことはしません。機内の気圧変化で、爆発する恐れがあるからです。もちろん、爆発の威力が強力というわけではなく、漬け汁がほかの荷物に付着したり、においが充満しないようにするためです。

第7章

新しい発酵食品を考えてみよう

42

売れる塩麹の秘密

塩麹を瓶詰めして道の駅で販売しました。多いときは200g入りで毎月約20本が売れました。塩麴は多くのレシピに使えて便利な役割を果たします。塩麹が持つ酵素が対象素材に働きかけて発酵を促すからです。

塩麴の作り方は難しくありません。米麹を作ったら加水して、合計重量に対して20%の自然塩を入れてよく混合するだけです。これを瓶詰めしただけでしたが、陳列品の中では他製造所の塩麴があまり売れていない状況でした。どうして、筆者の商品が多く売れたのでしょうか。それには作り方にアイデアを入れていたのです。

市販の塩麴を使ってみたら誰でも感じますが、塩麴を食材の表面に塗るとき、米麹の粒々が滑らかにならないのです。そこで作り方の手順の最終工程にミキシングすることにしました。こうすると肌理《きめ》が細かいペースト状態になりますから、ハケで滑らかに塗ることができます。ほかのメーカーの塩麴は粒々がそのまま残っていました。

あるとき、筆者の塩麴の購入者から電話を戴きました。質問は、「なぜか、味が旨い。理由は何ですか」ということでした。商品の瓶には側面にラベルを貼り、必要事項として原材料名を書く規則になっています。筆者のラベルの内容は、米麹、塩の2つだけでしたし、ほかに何も入れてないから意外に思われたのでしょう。

さらに秘密のアイデアを盛り込んでいたのです。もう販売は止めたのでご紹介しますと、加水の際、甘酒を添加剤として入れていたのです。甘酒の原材料は米麹だけですから、ラベルの内容に違反はしていません。少量の甘酒を添加すると味が濃くなり旨さが引き立ちます。これは自ら考えた隠れたアイデアでした。さらにバリエーションとして塩麹に柚子を入れると香り高い商品に仕上がります。

この塩麹と鶏肉のいろいろな部位を使って食品を開発しました。鶏肉の手羽先は出汁にできる成分を多く含有するため味が濃くなり、レシピも多くできます。この手羽先に塩麹を塗って1晩置くと肉が軟化して味が良くなります。

胸肉は特に渡り鳥に顕著ですが、イミダペプチド(イミダゾールジペプチド)を多量に含有しているため、この成分は鳥が長時間飛行できる連続運動に耐える機能性があるとされるため、ほかの部位と比較して特異な栄養成分を持っています。この胸肉にも塩麹を使って煮る、焼く、蒸すなどを行うと味のバリエーションが期待できます。

一方で鶏のササミはこれらの部位と比較して特異性がありません。高タンパク質で、味が淡泊なせいか偏った味がなくてプレーンですから、素材として良いものであるといえます。ササミの表面に塩麹を塗布した後、温度が均一になるように吊るした姿勢で加熱保温器に入れます。1日発酵すると生地がやや硬くなり、できたササミ自体は指で円弧状に曲げられるほど弾力が出て、食べる際の歯ごたえがあります。ササミは油脂量が少ないため、発酵時に脂が浸出することもなく素材に適しています。

このほかに塩麹で高温発酵しやすい素材は、魚ではタコ、肉では鶏の砂ずり、牛の筋など油脂分の含有が少ない素材が合います。脂分が多くなると発酵が進みにくく、表面がベタベタします。

43 白米を凌駕する発芽玄米

玄米は籾《もみ》の殻を脱穀したままの米で、精白していませんから、表面は糠《ぬか》で覆われています。玄米は優れた栄養分を持っていますが、人気がない理由は煮てもなかなか軟化しないどころか焚き上げてもやや硬く、糠の独特の匂いがあるため精白した米と比較しておいしくないようです。また炊飯しにくいことも原因の1つです。

しかし、玄米の表面をコートしている糠には食物繊維、ビタミン類や各種のミネラルが豊富に含まれているため、栄養的には優れています。精米技術が未熟であった時代はむしろ玄米を食べることが常で、その時代は脚気《かっけ》が見られませんでした。明治の半ばには、戦役中の兵隊の脚気の原因を探る論争が米の栄養分に関して起こった経緯があります。日本人は米を多量に摂取することで、タンパク質も含めて総合的に栄養とエネルギーを得ていました。昭和の敗戦後でさえ、日本の1人当たり米の摂取量は年間1俵（60kg）を超えて食べていましたが、現在はその半分も消費していません。さらに現在は玄米をむしろ健康食品に位置づけています。

精米は玄米表面に多く分布する糠とタンパク質を除く割合を決めていて、それを精米度といいます。煮やすく食べやすく栄養を考えたときは、精米度を半つきや7分つき程度で止めた米も販売していました。参考にあげると、日本酒の醸造では米の精米度を高めてタンパク質を除いて、精米度を上げた吟醸酒を作ります。玄米表面の糠のすぐ下はタンパク質割合が多いためで、醸造時にはタンパク質がアミノ酸に変換して雑味を生じるから好まれません。

しかし、玄米は最近、炊飯器で容易に炊ける技術が開発されておいしい玄米ご飯ができるようになりましたから、ぜひお勧めします。

玄米から発芽した米、つまり発芽玄米は栄養的には良いものでしょうか。玄米は条件が揃ったら自己が持つ酵素の働きで発芽します。発芽玄米は玄米になかった新しい栄養成分が生まれます。したがって玄米のままでは消化しきれず吸収が阻害された栄養成分を容易に取り入れることができます。ビタミンB、多くの栄養成分、ミネラルがそれです。特にガンマアミノ酪酸（ギャバ）は玄米よりも増加し、この効果は血圧の調整を容易にします。

玄米と発芽玄米を比較すると栄養成分の差異だけに止どまらず、後者は炊飯しやすいこと、旨味があること、消化吸収に優れています。これは発芽によって胚乳にあるデンプンやタンパク質が種々の酵素によって分解されて味が多様化すると考えられています。

発芽玄米の簡単な作り方は、玄米を水洗いしたら容器に入れて布巾で覆い陽だまりに出しておきます。乾燥する前にときどき霧状に水をかけていると、数日で発芽します。芽が数㎜伸びたときに水を切り、天日乾燥するとできあがりです。

多量に製造したい場合は、水洗いした後、布袋に入れます。これを水を張った容器に入れます。水は25～30℃で調整し、水中に常時エアを入れて撹拌します。エアを入れる意味は発芽に必要な酸素を与えるためです。このときややアンモニア臭が発生します。できあがったら乾燥まで同じ工程です。簡単ですから少量ずつ発芽させて乾燥保管しておき、白米と混合して炊飯するといいでしょう。

44 高ポリフェノールを持つ柿渋

現代の若い人は柿渋を知る機会が少ないでしょう。柿渋はすでに1600年代の文献に表され、米の代替で年貢を献納したとあります。柿渋の生産地は渋柿の産出と、渋の用途に大きい影響を受けて発達しました。古くからの柿渋の産地は、京都周辺に山城、伏見、桃山がありました。なかでも岡山の備後や広島の因島では本格的な生産をしていました。広島は尾道の三成、岐阜は美濃の揖斐川、富山の小杉、氷見、魚津が特別の産地でした。柿渋作りは産地だけでなく一般に国内各地に多く存在し、さまざまに利用してきました。

柿渋を作る柿はタンニンを高濃度に含有する種類が適します。渋柿であれば柿渋用に使うことができますが、最も多くタンニンを含む品種は豆柿です。地方によりアオソ、あるいは小柿、山柿とも呼び、直径が3、4㎝台のゴルフボール状の種が多い小さな柿です。庭先では見ることがないですが、秋に里山をウォーキングすると枯木に花が咲いたように熟した柿が房なりしています。この柿はカラスも見向きしませんが、色の美しさと可愛いい玉を飾りとして華道に用いたりしています。

柿渋作りをする豆柿は熟したものではなく、カキタンニンを最も豊富に含有する時期、すなわち真夏を過ぎた頃のまだ青々とした色合いの時期を選んで採取します。手工業的な柿渋作りは、採取した柿を軽く拭いて汚れを取り除き、ヘタがついたまま臼などで破砕して粗割りします。このときチョッパーで細かく砕くと成分の抽出が早くなります。破砕した柿を木樽（あるいはプラ容器など）に投入して水をひたひたまで注ぎます。1週間も経つと液が自然に発酵して周囲に柿渋特有の匂いが立ち込めてきます。この状況は渋柿が持つ酵素によって発酵が進んでいる証拠です。その後、木樽から固形物を取り上げてざるでろ過し、液だけを数カ月間にわたり熟成します。1回だけ抽出した渋を1番渋といい、濃度が最も高く特級の良品ですが、残った固形物に再度水を注いで2回目を発酵して採った2番渋は一般用に使用できます。

熟成中の柿渋からは次第に特有の異臭が周辺に強く拡散します。この異臭はクロストリウム属菌といわれる細菌が繁殖して酢酸、酪酸、プロピオン酸、バレリアン酸などの揮発性の特有な成分を作り、極めて不快なものです。酪酸やプロピオン酸はチーズと同様の異臭成分です。

そこで近年になると異臭がしない柿渋の製造に関して研究が行われてきました。たとえば、日本醸造協会の吉田清氏他による「柿渋から分離した酵母の特性と異臭のない柿渋製造試験」（J.Brew.Japan,Vol.80,No.7,p.471）があります。これは特別の酵母を使う製造方法であり、なかなか困難で非効率的な作業があります。ほかに無臭の柿渋製造を成立したという報道もあり、その柿渋を高価に販売する企業が見られますが、特許を確立し公開していないため製造手法はマル秘とされ、明らかになっていません。

このような環境の中で研究して異臭がしない柿渋作りに成功しました。その方法は上記の論文にある特殊な酵母を使用することなく、発酵の過程において加熱により異臭成分の生成を遮断する手法です。粗割りした柿渋は短時間で水に抽出したあと、ろ過します。この液は猶予しないで、すぐオートクレーブに入れて120℃で加熱します。こうすることにより液中の細菌類を殺菌し、それらの発酵を断ち切るのです。この方法で無臭柿渋が完成しますから、その後は新たな細菌の侵入を防止する保存を行えば十分です。

柿渋は表のように過去から多くの用途がありました。柿渋の用途は広範であり日常の生活や産業界において極めて有効です。

もともとタンニンはタンパク質と親和性が強く化合して凝固させます。なかでもカキタンニンは多くのタンニンの種類の中で最もポリフェノール濃度が高い種類とされていますから、これがケガ、褥瘡《じょくそう》、化粧品に応用できる効果でしょう。

現代、改めて柿渋の効用を見直す必要があると思います。最近は国内の自動車メーカーが部品を柿渋に浸して皮膜を生成する研究開発に成功し、実用的な防食に素晴らしい効果を得たことを発表しました。化学薬品を使用したときの不安全性に替えて、自然の素材を応用した環境にやさしい防食の評価を得ています。

ある化粧品メーカーはカキタンニンの成分を使った商品を販売しています。カキタンニンはクリタンニンと同族ですから、同じタンパク質との親和性が認められます。液体の柿渋を粉末化すれば保管や運搬に好都合です。そこで柿渋に難消化性デキストリンを入れて乾燥させると、赤みが鮮やかできれいな柿渋粉末ができあがり、これは携帯にも便利でした。

柿渋の利用

漁網の腐食防止
木製容器の防食
衣類の耐久性付与
和紙の防食と増強と耐久性の付与
建築塗料の代替と腐食防止
醸造用資材
毒流し漁法（現在は禁止）
温泉水の殺菌（塩素殺菌のみ認可）
民間療法（血圧調整、脳卒中治療、抗動脈硬化など）
ケガの表面コート
化粧品

45 黒ニンニクと発酵玉ねぎ

(1) 黒ニンニク

ニンニクの国内での生産量は、2015年で2万500トンです。このうち67%の約1万4000トンを栽培が適地である青森県が占めて国内のシェアはトップです。なかでも十和田市田子町が主要生産地です。そこで県としてニンニクをブランド化して用途開発と販売の拡大に入念に取り組み、ニンニクを発酵した黒ニンニクを製造して全国に販売しています。

この黒ニンニクの味はニンニク自体が持つ酵素の働きで発酵し、生のニンニクが持つ硫化アニル成分の刺激がなくなり、臭みが失われて甘く旨味が出ています。そのため黒ニンニクは、場所や時間を気にせずに食べることができます。

黒ニンニクは発酵したあと、腐敗試験をしてみても数年間にわたっても腐ることがないため、常温で長期の保存に優れています。黒ニンニクは十分に発酵すると特有の匂いが消され、糖度が上がり、内蔵するミネラルやビタミン含有量が上昇するため、健康に良い食品といわれています。作り方は生ニンニクをおよそ60℃近傍で3週間ほど加熱保持すると発酵して黒ニンニクができあがりますから、密閉して温度を維持する（炊飯器などを使用）と完成で、製造工程としては簡単です。

（2）発酵玉ねぎ

ニンニクと似たネギ属に玉ねぎがあります。

玉ねぎは肉や魚のタンパク質を分解する酵素を持ち、また抗酸化を促す成分を含有するため抗がん作用にも寄与します。玉ねぎ以外にもラッキョウや百合根にも黒ニンニクの作り方を利用できると思います。

そこで黒ニンニク作りと同じ方法で発酵玉ねぎ（黒玉ねぎ）を作ってみました。玉ねぎはニンニクと同様に発酵して用途をさらに広げることが目的です。発酵は玉ねぎが持つ自己消化酵素を利用して、薄皮付きのまま加熱しながら1カ月間発酵します。玉ねぎは水分を約90％（ニンニクは65％）と多く含むため、発酵中は容器内で蒸発する水分を除去する必要があります。このため発酵中に数回、天日干しして水分を飛ばしたほうがいいようです。発酵が終了したあとの玉ねぎはニンニクと比較して黒色に欠けて茶色になります。薄皮をむくと表面は光沢が出て艶があり、生地は琥珀色に変化して糖度が増加します。この発酵玉ねぎの色調は黒ニンニクより明るくなります。味は甘く、匂いもありません。このままミキシングするだけで、ジャムとしても利用できます。

発酵玉ねぎ1個、黒砂糖粉末60g、醸造酢大さじ1をミキサーにかけます。できあがりに水分が多い場合は適宜、電子レンジで飛ばします。こうしてドレッシングを作ることができますが、ステーキのマヨドレのほか、調理剤としてはカレーの隠し味など広範囲に利用できます。意外においしいドレッシングです。発酵玉ねぎはこのままサラダ感覚でも食べられますし、焼肉や煮魚の添え物として食するとおいしいです。

保存性に関しては、黒ニンニクより落ちるため冷蔵保管になります。

46 栗皮が持つクリタンニンの働き

秋の果実の代表の1つである和栗は日本人なら味覚、風味とも絶品と感じ得て、秋の実りの気配を満喫できます。栗は日本では縄文時代からの食料として主要な位置を占めてきました。遺跡に栗を食べた皮のカスが残っていることからも伺えます。しかし、縄文人はどのように栗を食べていたでしょうか。鬼皮は何とかむけますが、渋皮はなかなか困難です。しかし、縄文人は煮ることで割に賢く渋皮を除去していたかもしれません。

和栗は多様な種類があります。結実する時期の差異からは、早生、中生、晩生に分かれます。それぞれの代表の種類を上げると、早生栗の品種は森早生、国見、丹沢があり、地域にもよりますが、夏が終わり涼しさを感じる9月にはもう店に出ます。早生栗の栽培は単に早く採取する目的だけではなく、東北、中部地方や山岳や盆地の冬の季節が早く到来する地域で盛んです。それらの地域は開花のあと結実する期間が短くなるため、米作と同様に採取する時期を早くしなければなりません。中生栗の品種には筑波、石鎚があります。中生栗は早生栗と比較して樹木が病害虫に強く、果実も大きく味が優れています。晩生栗の品種は銀寄、岸根（または石根）、利平があります。晩生栗は樹木が強健で果実の味が最高です。特に果実の栗肌が黒い利平栗は最も品質が優れ、味覚がよく加工にも最適ですから、お菓子の素材に使用します。

これらの栗はさまざまな加工を経て商品になりますが、国内第2位の生産量を有する熊本は、関西地区に見られない渋皮煮用の栗が多いことが特徴です。栗の渋皮煮（甘露煮）は鬼皮（外皮）をむいたあと、渋皮をつけたまま100℃の熱湯で長く煮て加糖すれば、形状も維持できて渋みが感じられなくなりおいしくなります。このとき栗の種類によって柔らかさに時間差が生じます。渋皮のまま煮上がると、煮汁は濃厚な黒茶色に変わります。煮上がった渋皮つきの栗はざるに取り冷却したあとグラニュー糖を高濃度に溶解した砂糖水に入れて内部に糖を浸潤させます。これでできあがりますが、保存期間中の浸潤期間が長いほど栗の内部の芯まで甘さが染みわたります。渋皮煮栗は皮が持つ渋味は消えていますし、渋皮の表面の色合いが美しく艶が出ていています。煮た後には甘く濃い液が残ります。

渋皮栗を煮る際に生じた煮汁は栗の品種の中で利平栗が最も濃くなります。

（1）クリタンニンの利用

この煮汁は今まで廃棄していましたが、調べてみると多くの農業や健康に対する効能があることがわかりました。主成分の渋はクリタンニン（マロンタンニンともいう）です。つまり、この液には栗だけが唯一持つマロンポリフェノールという独特のタンニン成分があります

この未利用資源である煮汁（渋皮液）内のクリタンニンの有効成分の用途先を研究した結果、植物を蝕む病害虫に対して有効な忌避効果があることを突き止めました。煮汁の濃度は濃いため希釈して植栽物の葉に噴霧すると害虫が逃散します。効果を上げた実例は稲、トウモロコシ、キャベツ、白菜、ほうれんそうなどです。稲には今まで使用してきた化学農薬の噴霧を止めて渋皮液に代替えしたところ、優れ

た効果がみられて立派に育ちました。トウモロコシは実の上部の髭から害虫が入り込みますから、栽培上は最も農薬を使用する穀類の1つです。その髭部に噴霧した結果、まったく虫食いがなくなり害虫の侵入を防止できました。ほかの葉物の野菜類も同じく害虫被害から遮断できました。これを商品化して害虫忌避剤として販売しました。商品は2種類を作り、名前を「スタコラサッサ」と「一目散」としました。

このようにクリタンニンは、そのまま散布すると除草剤として生育を阻害します。つまり鬼皮にも豊富に含有していますから、鬼皮を散布した地面からは雑草が成長しにくくなります。そのため、鬼皮に米麹を少し添加して発酵させたものは、雑草防止兼、有機肥料の素材として使えます。

(2) クリタンニンの将来性

長期間栗加工している作業者の手や腕が、次第に白くなることがあります。クリタンニンはタンパク質と結合しやすい成分ですから漂白作用があります。この現象を利用すると美顔に効果があるはずです。クリタンニンと類似のカキタンニンは柿渋として大手の化粧品企業が商品化していますから、同じように渋皮の煮汁のクリタンニンも商品化の余地があります。また渋皮の煮汁を顔に塗ったところ細かい皺が少なくなりました。この効果から考えられる用途は外傷の塗り薬があります。クリタンニンが傷口のタンパク質と結合して不溶化し、細菌に対して一種の防護膜を形成するからです。長期に寝たままの治療を受けるときに発生する褥瘡はなかなか完治しにくい疾患ですから、その対策に栗の煮汁を塗布すると効果が期待できます。

クリタンニン成分は人体に入ると炭水化物、すなわち糖質の吸収を強力に抑える働きを持つため、糖尿病に対して有効です。健康食品として十分に機能します。またクリタンニンは一般に下痢の防止にも有効です。すなわち整腸効果があります。ただし多量に飲用するとむしろ便秘になりますから注意が必要です。

栗の渋皮を利用した研究に埼玉県産業技術総合センターの貴重な文献があります。「栗渋皮を利用した新規機能性製品の開発」がテーマです。この報告によれば、栗渋皮から抽出した成分がマウス由来の白血病細胞株に対して増殖抑制効果があると評価しています。このようにクリタンニンを含有する渋皮煮の煮汁は、薬学的な見地からこれからの研究余地が残っています。

さらにいくつかの商品化を推進しました。鬼皮は天日で自然乾燥したあと微粉砕します。この粉末は紅茶の主要な構成素材になり、飲むと淡い味がして色も綺麗ですし、パン、クッキーの添加剤に使えます。紅茶やお菓子は独特の風味が出てきます。

友人は霊芝作りの菌床に広葉樹のくぬぎのおがくずを使用していましたが、雑菌侵入防止に鬼皮粉末をあわせて少量添加したところ、極めて良好な成果を得ることができました。すなわちタンニンは茸作りに際してほかの菌に抗する力を持っています。

このマロンポリフェニールを応用した新しい飲み物をご紹介します。加糖した渋皮液はこのままでは甘くても舌が痺れるほど渋いため、別途に体積で数割量の梅エキスを添加します。すなわち梅エキスとのコラボドリンクです。濃度が濃いため、飲むときは倍々量程度に加水して薄めると、稀なジュースができあがります。さらに炭酸を加えるとまた違った飲料水になります。このサイダーは誰でも好きになるはずで、確実に人気が出るでしょう。鬼皮と渋皮エキスの廃棄物の利用でした。

47 ブロッコリーとトマトの麹漬け

野菜類はあとに加工や麹の力を利用して漬け込むと、有効な食品に生まれ変わらせることができますから、ムダがありません。例として茎ブロッコリーとトマトの麹漬けを紹介します。

(1) 茎ブロッコリーの麹漬け

ブロッコリーはカリフラワーの変種で、アブラナ科の緑黄野菜です。ブロッコリーは特にアメリカで根強い人気がある野菜ですし、野菜の王様あるいは健康野菜といわれています。その理由は含有する成分が特に多彩で高含有であるためでしょう。拾い上げてみると、ビタミンB2、B3、B6、B9（葉酸）が秀でていますし、ビタミンC、ビタミンKがほかの野菜と比較して特にリッチであり、カロテン、ルテイン、鉄分も多く含んでいます。

食べているブロッコリーは花序という蕾《つぼみ》ですが、一般にはこれをゆでてマヨネーズをつけてサラダ感覚で食べるレシピが多く、ほかにはグラタン、シチューやスープ、すき焼きの具にも添えています。一方で、蕾の下部の茎は硬く繊維質が多いため、食する機会はありません。

ブロッコリーは国内では埼玉、愛知、北海道が主な生産地です。しかし、アメリカから冷凍輸入したものがかなりのシェアを占め、この傾向は日本の冬期の休耕時には特に著しくなります。

ブロッコリーは1株が成長すると、中心の茎が大きく伸びて先端に扇状の蕾を付けます。その蕾を切断して商品として出荷しますが、切断したあとの茎には大きい蕾があった周囲に再度数個の小さな蕾を付けます。この小蕾ももちろん食用になりますが、小さすぎて採取作業の手間を考えると、費用をまかなえないため、農家は採取を終了したあとに元株の親葉と一緒に破砕して畑に敷き込んでしまいます。

そこで目をつけた部分は茎です。茎はかなり太い芯で表皮が硬いため、そのまま生に近い状態では食べにくく、今まで用途はありませんでした。この芯の茎を利用し麹で漬け込みました。

ブロッコリーの茎はやや丸みがあり、丈夫に育ったときは直径にすると3～5㎝程度も大きくなり、長さはところどころに付いている葉を落とすと10～15㎝も確保できます。茎は硬い皮をむき、20％塩水中でアクをとっておきます。漬け込む材料を表に示します。好みに合わせて配合を調整するのもいいでしょう。

これらの材料は前もってすべてをよく混合し漬けペーストを作っておきます。下漬したブロッコリーは樽に敷き並べ、上記の漬けペーストと交互に漬け込んでいきます。樽が満杯になったらビニールシートで覆い害虫の侵入を防止します。麹の発酵は強力ですから2カ月も経てば熟成して茎はしんなりし、茎の内部に旨味が浸透しますから輪切りにして食します。

ブロッコリーは今まで蕾を利用するだけであり、しかも蕾の大きさが小さいため、可食部分が少ないという特徴があります。葉が大きく育った親株の大半はほかに利用することなく廃棄しています。茎以外に太く育った葉元も使うことができたら、全体の利用率が向上します。もちろんその前に葉元の栄養成分の調査が必要になります。

茎ブロッコリーの麹漬けの材料

ブロッコリーの茎	3kg
塩	1kg
米麹	5kg （米麹の代替えとして酒粕でも使用可）
砂糖	1kg
みりん	500cc
焼酎（35%）	200cc

（2）トマトの麹漬け

トマトは最近盛んなハウス栽培を含めると年間を通じて生産され、用途開発を目的にした種々の品種が出回ることもあり、高値の野菜に格が上がると同時にフルーツ様にもなりました。ただ夏季はハウス内を消毒する理由から休耕しますが、その間は高地の冷涼な気候で栽培したトマトが高原野菜として出荷を繋いでいます。トマトは全国で合わせて約73万トン生産していますが、なかでも熊本県が12万トン強を生産し第1位です（2015年）。

トマトの専業農家はほとんどハウス栽培を行い、主に農協に出荷します。しかし、大きさ、変形、色褪せ、傷入り、過完熟などの規格外品の量も多く出荷の歩留まりを悪くしますから、例外的ではなく多くを廃棄する状況であり、地元では飲料品やソースなどに加工する機運がありますが、本格的な加工は進んでいません。そこで規格外の廃棄トマトを利用して有効な食品を開発し、有効に利用することにしました。

①塩麹発酵トマトペースト

トマトの成分は水分が90%を超え、目ぼしい栄養素は少ないようですが、カロテンがリッチで高カリウムを含有しています。塩麹トマト（筆者が命名）はトマトの甘さを塩で刺激して引き立て、麹で発酵したトマトペーストです。トマトはよく水洗いしたあとミキサーでペーストにします。そこにトマト重量の20%当たりの米麹の粉末（事前に乾燥して粉末化した麹）を添加して混合します。その全重量に対して5～10%の塩を添加したあと、樽に入れて麹の酵素による発酵を待ちます。加塩量は賞味期間の都合により適宜増減します。

1週間もすれば麹の甘みが出て美しいペーストの調味剤ができます。このままサラダにかけて食することができますし、カレーの隠し味として利用しています。

②丸ごと塩麹トマト

塩トマトは適当な塩味が甘さを際立たせて上品な旨味を出します。そのため、普通の未完熟トマトを塩トマト的な味になるように発酵しました。作り方は至って簡単です。トマトはヘタをつけたまま水洗したあと水切りします。その次に、米麹と塩を1対1に配合して混合し、ヒタヒタになるほど加水します。未完熟トマトは皮が破れないように重ねて樽に入れたあと、水と混合した米麹を注ぎ込みます。トマトは水に浮くものもありますから中蓋を置いて軽く下に沈むようにします。重石はしません。この状態で3週間ほど発酵させるとトマト全体がやや小さくなり、表面の紅色が増して萎びてきます。これでできあがりですが、塩が勝るときは適宜調整します。長く発酵し過ぎると塩辛くなります。

発酵した丸ごと塩麹トマトはもともとの塩トマトに比較してサイズが大きいですし、甘みがさらに濃くなります。

48 無添加でも甘い甘酒ジャム

（1）無添加の甘酒作り

甘酒ジャムは筆者が命名したものです。ほかの名前としては麹ジャムまたは麹蜜も考えました。ここでは甘酒ジャムとしましょう。甘酒ジャムは甘酒を作るときにヒントを得ました。甘酒は既述したようにお粥に米麹を混合して60℃未満で1日程発酵するとできあがり、糖度は20～25％が得られます。日本酒作りは室温が数度以下の冷温で発酵する方法に対して、甘酒作りは60℃近い高温ですから、米麹が発酵する温度範囲は極めて広いことがわかります。

ただし60℃を超える温度域に達すると麹は失活しますが、酵素力はまだ残ります。

甘酒作りの発酵は温度と時間を相乗した絶対値が必要になりますが、この値を大きくしてもデンプン量に限りがありますから、糖化は飽和するはずです。甘酒作りではお粥と米麹と水の割合を変えて糖度や粘度を調整します。糖度を優先するときは、お粥を濃く（全粥、米の5倍重量を加水）して同量の米麹と合わせて発酵した「かた作り」があります。米麹はお粥の重量と同量を加えるとき、甘酒の糖度はお粥を7分（米の7倍量）、5分（同10倍）、3分（同20倍）と米の量が少なくなるに従って低くなります。これを「うす作り」といいます。甘酒を早く発酵させたいときは、米麹と同重量加水すると5時間程度で「早つくり」できます。

（2）自然な風味の甘酒ジャム

お粥の濃度を液体が残る状態の限界まで全粥より高めて濃くし、発酵時間を5～7時間と長くした条件で作りました。その結果、糖度が30％弱と高い数値に達し、甘さが著しい甘酒ができあがり、これを甘酒ジャムと名づけています。糖度が低い場合は乾燥させて水分を飛ばします。ただ最近、新しいジャンルで多様なフルーツのスプラウトジャムの販売が急増しています。これは低糖にしてフルーツ独特の香りとコクを優先する商品で人気がありますから、甘酒ジャムの糖度を低くした仕様も消費者の好みになるでしょう。

この甘酒は色調がメイラード反応（褐変反応）して琥珀色になり、特に麹の風味があふれて甘さが優れています。お粥の米粒が残りますからミキサーで滑らかにすると、トロリとしたペーストになります。このままで常温保存すると長く持ちませんから、冷蔵保管するかあるいは加糖して糖度を53％以上に上げると長期の保存が可能になります。

甘酒ジャムは、通常のジャムと同様に似た硬さですからパンに塗って食べてもおいしいです。化学的な甘味剤や砂糖の代替えの調味剤として煮物などの料理用に、またお菓子用の甘味剤、スイーツによく合う自然の優しい食品になります。ほかの化学剤の添加はなく、乳幼児の摂取には適してます。

甘酒ジャムは加糖しないで濃縮すると性状が蜂蜜に似た甘味剤になり、利用の範囲が広がるでしょう。甘酒を作る工程で終わらず、その先を探求して試験すると妙味がある商品になり得ます。

49 超健康の豆乳ヨーグルトとヨーグルトマヨネーズ

最初に豆乳の品質について希望を述べます。市販のパック入り豆乳は、濃度が8～9％と非常に薄く作られています。水ものですから利益率を高くしています。しかし、この傾向あるいは風潮は改めるべきです。豆腐の製造では濃度14％を超えた豆乳を使用します。もうそろそろ消費者のニーズをくみ取る品質にすべきでしょう。

また大豆は地大豆が輸入品より香りとコクに優れています。たとえば佐賀産の「フクユタカ」は風味豊かな優れもので、群馬片白村の「天白大豆」は幻の大豆といわれる超高級品です。このように各地に素晴らしい大豆がありますから、豆乳作りに使ってみるのもいいでしょう。

豆乳でヨーグルトを作るには素材と合う乳酸菌を使用する必要があります。動物性の牛乳で使用していた乳酸菌を豆乳に植え付けてもなかなか発酵しませんでした。この乳酸菌は動物由来の菌だったのです。

そこで豆乳用の乳酸菌を探すために、自然界の多くの野菜類や果物を試験しました。半年も試験してやっと効果的な発酵ができ、それは野菜を漬け物にしたときに滲出する上澄み液が強い菌を含んでいました。漬け物は多くが塩分を添加して重しを載せて発酵します。この発酵は野菜が持っていた乳酸菌によりますから、上澄み液には乳酸菌が何10億個もひしめいているはずで、しかも植物性ですから豆乳に合ったのです。これで発酵した豆乳ヨーグルトの味は良好で、酸っぱさが弱いものでした。

さらに続けて新規に乳酸菌を探しましたが、タケノコあるいは伸び始めた竹の先端部を切断すると、切口から水が垂れてきます。これは竹の水と称していますが、この水を糠味噌漬けに少量添加すると毎日かき混ぜなくても糠味噌が腐敗しないことがわかりました。しばらくはその理由を理解することができませんでしたが、この水は乳酸菌リッチな液体でこの竹の水の乳酸菌が腐敗を防止していたのです。

竹の水を豆乳に添加したら、見事に美しくておいしい豆乳ヨーグルトができあがりましたし、牛乳も発酵するほど強力な乳酸菌が存在しています。

続いてキムチ、米麹も試験しました。これらはいずれも強力な乳酸菌を持っていて豆乳のみならず動物性の牛乳もヨーグルトに発酵してくれました。

竹の水の乳酸菌が腸内における生化学的な働きや医学的な効果に関しては未開発ですし、さらには自然界にはもっと有効な乳酸菌を持つ素材がまだ研究開発されていませんから楽しみです。

豆乳を購入する場合は、無調整、無添加品で、できれば豆腐屋の豆腐用14％濃度品を使用するとヨーグルトの肌理が細かく濃密になり、水分量が少ない硬いヨーグルトができます。

せっかく良質で健康的な豆乳ヨーグルトができましたら、これをベースにしてマヨネーズを作りましょう。卵黄を使わない豆乳ヨーグルトマヨネーズ（筆者が命名）です。市販の多くのマヨネーズは、鶏卵をベースにして作ります。最近、鶏卵アレルギーを持つ人が増えてきていますが、この商品は卵アレルギーのある人でも食べられます。また、、コレステロールが極めて少ないので健康食になります。

豆乳ヨーグルトを素材にしたマヨネーズに仕立てることが、試作の目的です。もちろん、豆乳ヨーグルトマヨネーズは代替品の位置にとどまらず、新規の分野を開拓する意図もあります。

作り方はまず豆乳ヨーグルトを作ります。豆乳の濃度は14％と高いですからできあがったヨーグルトは基質が高密度です。しかし、それでも水分があるため、これを水切りします。ざるに布巾を敷き、そこにヨーグルトを入れて半日間、自然に水切りすれば、元の豆乳ヨーグルト1リットルから１００cc程度の水が滴り落ち、極めて密度が高い基質になります。これで豆乳ヨーグルト作りが完了です。

豆乳マヨネーズの構成素材の配合比率の一例を表に示します。

豆乳マヨネーズの材料

水切りした豆乳ヨーグルト	300g
バージンオリーブオイル	15cc
塩	2g
米酢	15cc
胡椒	0.2g
マスタード	2g
シナモン	0.2g

味を調整して甘みを増したい場合は、ホワイトチョコレートや蜂蜜を入れるといいでしょう。特徴を出すために、アボガドを添加しても味が濃くなります。

上記を添加したら、ミキサーで入念に混合します。オリーブオイルを添加しますから、分離しないように気をつけます。また米酢の添加量は保存性に影響しますから調整してください。米酢に替えて柚子酢を使うと風味が増します。

豆乳ヨーグルトで作ったマヨネーズは卵を添加していないためコクが不足しているという意見がありましたが、反して化学品の添加がないため自然で安全な健康食品です。試食していただいた多くの方々の感想をまとめると、食べ終わりに市販品のヨーグルトが口内にどんよりした後味が残るのに対して、この豆乳ヨーグルトマヨネーズは極めてさっぱりした清涼感があるという評価です。鶏卵の不使用と化学品の無添加が自然の素材の旨さを生み出している要因ですが、それより豆乳の使用が大きく影響していると思います。

50 桑の実のフルーツエキス、酢とソース

桑は実は丸みがあり、手の親指の爪ほどの小さい形で、とろけるように甘く、お菓子がない戦後の時代では貴重で珍しい自然の甘い食べ物でした。食べると口の周りと歯や舌は赤紫の色合いの紅で鮮やかに染まり、口唇や指の赤色はソーダ石鹸で洗ってもなかなか消えず、翌朝になっても残るため学校で友達から冷やかされました。

近年、大きい桑の実を作り上げ果実として利用する研究が進み、その結果、改良品種の大きさは手の親指ほどの形状で、糖度が約8％（白色の実のゼルベベヤズは25％）あります。ララベリ、ポップベリが品種登録されています。桑は苗を植えると2年目には結実するほど生育が盛んです。将来、桑は葉と同じように、実も薬学、栄養学的に興味ある存在になり、用途が開けることを期待しています。

（1）マルベリ発酵エキス

桑の実は英語でマルベリといい、ポルフェノールを豊富に含有します。マルベリで作るシロップはワインやブルーベリのシロップより色素が濃く、布についたら脱色できないほどです。中国は桑の実を醸造した「桑椹酒」をアンチエイジング効果があるとして皇帝の献上酒に指定した歴史があるほどです。このマルベリを使って発酵エキスを作ります。配合は次のようになります。

・マルベリ（ララベリ）……10kg

・砂糖……………12kg
・紅麹……………2kg
・米麹……………1kg

ここで紅麹を使用する理由は色素を維持する目的です。また紅麹は酵素活性力が弱いため、米麹をあわせて加えます。マルベリが完熟して黒く色づいた実を採取したら、痛みが早いためすぐ加工処理します。実の中心に芯がありますがそのまま軽く水洗して水を切り、上記の配合を作ったら梅の発酵と同じ容量で容器内に仕込みます。

砂糖の添加量が少ない場合は、マルベリ表面に付着した自然酵母の力でアルコール発酵しますから、マルベリワインができあがります。

マルベリ発酵エキスは色素が強いため赤黒い液色になります。また日光により褪色するため、保管時と容器には遮蔽が必要です。マルベリ発酵エキスは糖度が高いため長期に常温保管ができます。

桑から採取する実は周囲に見かける機会がありませんし、できあがったマルベリの発酵エキスの呈味は独特の味わいがあるもので、ほかにない差別化できるエキスになります。飲用時は水で３倍に希釈します。

（２）マルベリ酢

果物を使って作る酢は柿酢、柚子酢、ワインビネガー、リンゴ酢などがありますが、パイナップル、バナナ、梨、パパイヤ、グレープフルーツ、イチゴ、サクランボ、レモンでも作ることができます。果物が含有する酸を直接利用する以外に、内部の糖をアルコールに変えて、さらに酢酸発酵して酢にして利用するものです。

順序が逆になりますがアルコールを作る前提として、素材がデンプンを含有していれば麹の力で糖に変え、さらに酵母の作用でアルコールに変え、そのあと酢酸菌が持つ酵素の力で発酵して酢を作る工程になります。つまり素材がデンプンを多量含有すれば、最終的に酢を作ることが可能になります。たとえば米酢は米のデンプンを麹の酵素の力で糖に変え酵母でアルコールを産出する、すなわち醸造して酒を造ったあと酢酸発酵した自然の素材を使った高級品です。

市販の各種の酢は、穀物や果物の自然の素材を使って作った健康食品になります。しかし、最近は化学的な人造酢が出回っています。これは化学反応で作った工業用酢酸をベースにして、化学調味料、保存料、PH調整剤、色素などを添加した人工の酢であり、製造原価が安くできますが自然の食材ではないどころか、健康上は低位な食品です。

マルベリで作った酢は市販されていません。登録品種のララベリは糖度が8％です。そこで、砂糖を重量比で12％添加して合計20％の素材にします。アルコール発酵を促進するために、酵母（ドライイースト）を小さじ1入れて撹拌しておきます。

このまま室温で容器に入れて2～3週間も仕込むと自然に発酵してアルコール臭が発散します。この時点で飲むことも可能で、アルコール度は10％程度になります。つまりこれが桑酒です。このアルコール発酵は室温が高ければ早く進みます。さらにそのまま放置しておくと、数週間で自然に液面に白い膜が張ってきます。これは酢酸菌の働きによる酢酸発酵を示す上面発酵現象です。

膜は次第に白身を増して分厚くなり、アルコール臭さは消えて酸っぱい香りが醸し出てきます。こうなるとアルコールがなくなって完全に酢酸菌により発酵が進み、酢ができあがったことになります。これをろ過して80℃で加熱（火入れにより酢酸菌を失活）したら、珍しいマルベリ酢ができあがります。

マルベリ酢は赤の色素が非常に濃いため使用先の

レシピは限定されますが、ワインビネガーのような微かな苦味がなく、旨味がまろやかで濃く、稀な酢です。ただし、酢として製造販売することは酒税法から禁止されていますから、試作だけの範囲になります。

（3）マルベリソース

桑の実のマルベリで作る赤色が鮮やかでおいしいソースです。このソースは次のように作ります。

・マルベリ（生）…………４００g
・ニンニク…………5欠片（摺り下ろし）
・玉ねぎ…………半個（摺り下ろし）
・米麹…………30g

これら４つの材料をミキサーでよく混合したあと２週間発酵させます。そのあと裏ごして次の素材を添加し、味を調整します。

・オレガノ…………0・3g
・蜂蜜…………大さじ1
・バージンオリーブオイル…20cc
・塩…………小さじ3
・酢…………小さじ1
・アーモンド粉末…………2g
・赤ワイン…………20cc
・赤唐辛子…………小さじ1

以上が基本的に使用する素材です。このソースはピザ用あるいはオムライス用として相性が良く、マルベリの色素が強く美しいソースになります。マリナーラソース（トマトソースの一種）として味を濃く深みを出して使いたいときは、塩加減をやや強くし別途タンパク源を添加します。タンパク源として合った素材はビタミンDやカロテンを含む鶏肝、卵黄、ウニ、蟹味噌でした。このマリナーラマルベリソースはタンパク質を含有するため呈味が重く感じます。お好み焼きにはこちらが合うでしょう。

51 えひめAI液の応用と強化

「えひめAI《あい》」は、愛媛県産業技術研究所で開発された環境浄化微生物です。これは、農家で広く知られた活性液で容易に自家製造が可能です。使用は農作物に対して薄めて散布すると、葉や根、幹など植物全体が活性化して元気が出て成長が著しく、かつ結実も豊富になります。トマトに試験した結果、確かに元気がよくなり結実も多く、熟したトマトの味も濃くなりました。

これらの試験結果のデータは、「現代農業特選シリーズ2　DVDでもっとわかる　現代農業特選　えひめAIの作り方・使い方」（農文協編、農山漁村文化協会、2011年）に、筆者が著者の1人として参加し、えひめAIの試験結果も入れた詳細を紹介しています。

作り方は簡単で、容器に水20リットルを入れ、さらにヨーグルト1リットル、納豆数粒、ドライイースト大さじ1、それに砂糖を1kg入れ、撹拌して数日後に発酵が終了して、やや甘酸っぱい白い液体ができあがります。添加材の混合量は適宜で柔軟性があります。乳酸発酵が主であり、これに納豆菌と酵母が助っ人になるようです。

書籍に記載されたデータ以外に種々試験をしてみました。人間が飲んでももちろん構いませんが、人体への効果は事例の紹介がまだありません。まず鶏の飲料用として使ったところ、割ったときの卵黄が大きく凸に盛り上がり崩れにくく形状がしっかりしました。おそらく鶏は乳酸菌の働きで生き生きとして卵の品質に良い影響を与えたと思われます。冬季に各地でインフルエンザ感染の被害が出ていますが、ワクチンでないとしてもこれを飲ませると相応の効果が得られるのではないかと予測しています。

ほかに追加試験の結果から、畜産で排出する糞尿に振りかけると発酵が進み、悪臭が消えて堆肥化できましたし、一般家庭で発生する油脂分の分解除去も容易になりました。

次に今まで使用してきたえひめＡＩを改良して試験しました。米麹を添加したのです。また動物性ヨーグルトから豆乳ヨーグルトに替えてみました。米麹の量は上記の配合を基準にすると１００ｇです。応用えひめＡＩ液の効果は次のようなものでした。

肥料に関しては従来よりさらに活性化が強くなったように感じます。たとえば、果樹では土壌が弱ＰＨを好むブルーベリーには打ってつけでしたし、柿は真夏に欲しがる時期に水代わりに散布すると実のつき方が良くなりました。。

日常では台所のシンクに流し込むと異臭が消えます。応用えひめＡＩ液は塩素系の化学剤を使用しない自然の素材から構成しますから安全です。異臭対策には靴の内部に霧状にスプレーすると臭わなくなりますし、梅雨時の洗濯物にも有効でした。

試験するたびに良い結果が得られますが、追加してもう１つ、洗顔に使いました。薄めた液を使って洗うと、弱ＰＨですから皮膚表面の脂質をよく落としてくれます。後は水洗いすれば匂いはありません。

52 薬草の発酵と有明海苔の発酵エキス

多くの○○酵素という商品は誰でも簡単に安く作ることができます。素材は野菜や果物が固有の酵素を持っているから何を使用してもいいのですが、この項では、薬草の例と発酵方法を変えて示し、その後に有明海苔から作ったエキスをご紹介します。

薬草は含有する成分を取り出すために数種の抽出法を選択できます。一般的に採用する方法には、次のようなものがあります。

- 糖を利用する抽出法
- 塩を利用する抽出
- アルコール抽出
- 水蒸気蒸留法による抽出
- 熱水による抽出（オートクレーブ器による）

これらは基材が持つ成分の破壊、回収効率、抽出時間、製造経費、後加工などいくつかの長短所がありますから、選択して素材に適した方法を採ります。ここでは麹を利用して発酵し成分を抽出する方法を利用しました。

（1）ドクダミ薬草のエキス

薬草は多くの種類があり古来から民間薬として使用してきました。ここでは、ドクダミの発酵をご紹介しますが、ほかの薬草に関しては同様な方法で試作されることをお勧めします。

ドクダミは天ぷらにすると薬草独特の匂いが少なくなり、珍しい香りに変化します。一般には葉を乾燥してお茶にして飲むことができます。このお茶は動脈硬化、利尿に効果が認められます。また、薬の主素材としてとして貴重な漢方薬剤になっています。使用する部位は根茎と葉の全草です。採取時期は花が咲く5月末から6月が適し、この頃は含有成分が豊富です。

根茎と葉を水洗して水切りしたら、麹を10%、砂糖を40%加えてよく行き渡るように混合します。加水はしません。これを容器内に強く押し込みながら中蓋をして全体重量と同量の重石を載せて2週間発酵します。重石を外して蓋を取るとドクダミと麹が浮いてきますから、それらを除いたあとにエキスだけを長期に熟成します。濃くて黒いドクダミエキスは生の葉の強烈な匂いが薄らぎ、まるやかな風味になります。糖度が高いため、3倍に薄めて薬のジュースとして飲用できます。

この方法は野菜や果物などすべてに応用でき、自家製の独特のエキスを作ることが可能です。

（2）クコの葉の固体発酵

クコの生の若葉を日陰でむしろに広げ、ジョウロで水をかけて上からむしろで覆い数日間放置します。クコの葉はしんなりすると同時に表面に白いカビが出ます。これを米麹（重量比10%）とあわせて容器内に仕込み固体発酵します。仕込みの方法は葉が密になるように押し付けながら強く詰め込みます。

数週間でクコの葉が乳酸発酵し独特の香りがしますから、容器から取り出して天日で乾燥するとクコの葉の発酵品ができあがります。発酵クコの葉はお茶として利用でき、少しカビの臭いがして乳酸発酵した酸っぱさと、苦味が混在したエキスです。

発酵クコの葉は乾燥後に粉砕すると粉末として全葉を料理の素材やスイーツ、アイスの添加剤に利用できます。

（3）発酵ハトムギ

ハトムギ（鳩麦）は山里の小川に自生するジュズダマと同類の植物で、トウモロコシに似た実をつけます。ジュズダマは多年草で自然に繁茂する性質を持ちますが、ハトムギは1年草であり、水田転換植物として栽培し穀類あるいは煎じてお茶、お菓子の原料に利用しています。

ハトムギはヨクイニン成分を含有し、利尿剤として医薬品に利用できます。一方、肌の新陳代謝を促進し美白効果が認められるため基礎化粧品にも応用されています。さらに重要な薬理効果は免疫力の向上に効果があり、健康食品に利用され始め、一部はがん治療剤の構成素材に不可欠と喧伝されています。

ハトムギの国内生産量は約１３７０トン（２０１６年）で、主要な産地は岩手、富山、栃木の３県です。なお国内生産が限界であるため、タイ。中国。ベトナムからも輸入しています。

ハトムギは玄米の発芽方法と同じ方法（酸素供給した25℃前後の水中）で発芽して、発芽ハトムギを作ります。これは種子が持つ毒素を消失することと、後工程の麹発酵を容易にするためです。保存のためには、これを脱水したあと天日干しもしくは30℃程度で乾燥します。

発芽ハトムギは蒸煮したあと、黒麹菌を植えつけて固体発酵します。発芽ハトムギは数日で麹による発酵が進み、黒麹ハトムギが完成しますから、これを天日干しもしくは乾燥機で十分に湿気を除去します。このまま常温保存できますが、さらに粉砕して種々の用途に向けることがよいでしょう。

発芽ハトムギに比べて黒麹で発酵したハトムギは、ヨクイニン成分のほかに黒麹が持つさまざまな機能性成分を有するため、上記の医薬品以外に漢方薬剤として貴重な役割を持ちます。

（4）有明海苔の発酵エキス

液体発酵や固体発酵により、発酵する素材は野菜や果物など何でも使用できます。もちろん、海苔にも応用できます。

ここでは品質が劣化した色落ち海苔を素材にして活性化するエキスを作りました。手順は以下です。

- 海苔はよく水洗いして塩分を落としたら容器の６割程度に入れます。これは発酵するときに泡立ちし体積が多くなるためです。海苔は塩分を落として３～５時間も経過すると腐敗が早いため、ＰＨを落とす食用の乳酸を添加してよく混合します。
- 次に糊重量の10％程度の上白糖を添加して混合しますが、ここは入念に行います。加水はしないので混合に抵抗がありますが、ここは入念に行います。
- その後、米麹を糊重量の25％程度を加えてさらに混合します。
- これで仕込みは終了です。１週間経てば発酵が盛んになり、内容物が膨張してきます。ときどき撹拌して発酵を促進します。３カ月経過すると発酵が終了してエキスが生じ、固形物が少なくなりカスになって下に沈みます。固形物の多くは繊維質です。
- ろ過してエキスと固形物を分離しますが、固液がドロドロ状態ですから、ろ過はヘラろ過（あるいはハケろ過）が適しています。

得られたエキスは加水していませんから海苔の成分は濃縮し、多くのビタミン、ミネラル、アミノ酸が豊富です。飲用することも可能ですが、野菜や果物の活性化剤として、水で１０００倍に希釈し葉面に散布すると、素晴らしい効果が得られます。また固形物は肥料に使用できます。

53 加熱による発酵促進法

多くの野菜は中温の50℃温水に浸すだけで、細かく時間調整を設定するまでもなく、取り出して生の新鮮な食感が得られます。ぜひ試していただきたいと思います。中温の加熱ですから、栄養成分が流出することが少なくなると推定します。実際に調理してみるとまったくその通りです。これは50℃に加熱したとき、細胞がダメージを受けてタンパク質を元通りに修復しようとして、細胞中に水分を取り入れたヒートショックプロテイン（ＨＳＰ）の力による現象です。これは一種、生命を維持するための防御反応でしょう。

外部から取り入れる食物酵素は、乳酸菌が一般に60℃未満で失活するように熱に敏感で弱いですが、最適な加熱を行うと酵素の能力を最大に発揮します。一般に48℃で2時間、50℃では20分、53℃になると2分で失活します。よって料理の際には50℃で短時間加熱することが有効です。

一般に野菜をゆでるとき、組織は高温の80～90℃に加熱したら軟化現象が起こりますが、中間の温度50～55℃では反して硬化現象を生じます。家庭の調理では後者の中間の温度で料理する機会が少ないため、硬化する現象を確認することは稀ですが、野菜の組織中にはペクチンメチルエステラーゼの酵素があり、中間温度域でこの酵素が活発化してペクチンの鎖を絡みあう働きをして、硬化現象が生じます。さらに温度が上がり80℃以上になるとペクチンが分解して軟化します。レタスのシャキシャキしたみずみずしい食感は化学的な硬化現象によるものです。

食品の素材成分は炭水化物、タンパク質、油脂などで構成しますから、特性を解明し理解することにより、新しい加工や保存に応用することができます。タンパク質は1次から4次までの強固な階層構造を持つとされています。しかし、タンパク質は加熱によりこの構造が崩れます。すなわち60℃を超えると2次構造が変化して崩壊し熱変形します。鶏卵の温泉卵を例にすると、卵白が固化し卵黄がトロッとした状態を得るためには、ゆでる温度と時間を制御しています。実験の結果、65℃で1時間が最適になりますが、これは上述した組織の構造変化を利用した成果です。

筆者がデンプンおよびタンパク質に対して研究開発し、広範囲に利用できる方法を確立したため、種々の素材の発酵に対して施した新しい商品をご紹介します。加熱発酵はTFM（サーマル・ファーメンティーション・メソッド、Thermal Fermentation Method）と定義しました。本法が今後種々の分野に応用されて発展することを期待します。

（１）梅シロップをTFMで作る

梅シロップの作り方は熟した梅を洗い、ヘタをきれいに除去したら表面に数箇所に包丁で切り込みを入れます。梅は完熟品がよく、そのときヘタは自然に取れています。梅の外側を切り込む理由は内部からの成分浸出を促進するためで、種まで達する深さにします。一方、氷砂糖を梅と同重量を準備し、この2つを壺に入れて混合したら、蓋をして発酵を数カ月待ちます。加水はしません。

発酵後、内部は梅が小さく萎み、砂糖が溶けたエキスがあふれれています。エキスと梅をろ過します。ろ過した梅は甘いのでジャムの基材にもできます。エキスは琥珀色で美しく、糖分が高いため永く保存しても腐敗することはありません。

梅シロップをＴＦＭ法で作る場合は、壺に替えて炊飯器に入れて保温します。すると数日で同じエキスができますから、短時間で効果があります。もちろんエキスの状態も変化なくて同じです。おそらく梅が50℃で自己発酵してエキスを外に溶出したためです。これがＴＦＭ の効果です。

エキスは梅シロップと称して夏の清涼飲料に最適ですし、前出の栗の渋とブレンドすると変わった味のドリンクになり、炭酸を追加すると上級の味になります。

（2）ＴＦＭでバナナをさらに甘く

バナナは分類すると果実ではなく野菜の部類に入ります。バナナのデンプン量は22・5％（食品成分表による）、サツマイモが31・5％ですから、かなり多量にデンプンを含有しているからです。

バナナは糖度を増すために50℃の温水に数分間浸漬すると、内部の酵素が働いて熱ショックタンパク質が防護反応を示してデンプンを糖化し、驚くほど糖度が上がります。これも一種の加熱による発酵になります。一般的な加熱発酵は現在、料理研究界の中で、すべての野菜に対してその応用が始まって良い効果が得られています。

バナナをＴＦＭで行った場合、数分間と短い時間で表面が黒く変色し全体が柔らかくなります。味は生で食べた場合と比較すると驚くほど甘くなります。ＴＦＭ後は皮がむきにくいですが、冷凍すると簡単になります

この方法は果物にも適用できます。ＴＦＭは基本的にすべての野菜および果物、さらには肉や魚の発酵に対して応用でき、良い効果が得られています。

おわりに

筆者が日常の食事に摂り入れている発酵食品をご紹介します。毎日欠かさない食品は、朝が自家製の甘酒と同じくゴマ入り豆乳ヨーグルト、昼が糠味噌漬、味噌汁、チーズで、夜が納豆、キムチ、麹漬け野菜、柿渋ドリンク（柿渋に梅シロップを混合したジュース）、赤ワインです。このように発酵食品を食べる機会は多く、ほかには自家製パン、塩麹漬けの肉や魚、麹発酵チーズ様豆腐、鯖のなれ鮨、日本酒があります。

上にあげた発酵食品は酒を除いて多くが自家製です。それを可能にする基礎は米麹であり、これは自家製造するからです。米麹の働きは驚くほど多面的で、この基材があれば多くの発酵食品を作ることができますし、新しい発酵食品を作る楽しみも生じます。

発酵食品を摂り入れることは体内の腸内の細菌を活発にして、ゆくゆくは体内に免疫力を蓄積するといいますから健康にはすこぶる有効です。

昨春には桑の実のビネガーを自家製造しました。ワインを醸造するときに副次的な試みで作りましたが、バルサミコ酢に似て香りが高く甘みが豊かな酢ができあがりました。さらに今秋には渋柿の麹漬けを試作しました。渋柿は渋があり食品の種類が限られますが、発想を転換してこれを麹に漬け込んで渋を除き、新しい甘みがある発酵食品を作りました。麹の強力な酵素が渋のタンニンを分解してくれるようです。最近はバナナを食べる前に皮のまま電子レンジで中温域まで加熱していますが、バナナの酵素が活発化して免疫増強に貢献するという報告があります。このように酵素の挙動を考えて、日々新規の発酵食品を開発する研究は極めて興味があり、おもしろいです。

医食同源という言葉がありますが、発酵食品は微生物が私たちに与えてくれた大きい恵みと思います。助けを借りて有効に発酵して食し、健康を維持しましょう。しかし昨今、テレビなど食を摂る多くの場面で無作法な礼儀のなさを目にします。食事中に帽子を被ったままとか、箸遣いがまったく様になっていない人が多いので愕然とし、そのようなとき、むしろ目前の料理が貧相でまずく見えます。食物をいただくことは動植物の命をいただくわけであり、礼を失することは食べる資格がないと思います。育ちに起因しても日本人であるなら自身の躾に配慮を願いたく、「おもしろサイエンス発酵食品の科学第3版」を上梓するに際して老婆心ながら特にこのことを望みます。

本書をまとめるにあたり、今回も編集局天野慶悟氏には多大なご援助を戴きました。既刊した多くの書籍も含めて、この場を借りて感謝を申し上げます。

発酵し　腸力アップ　甘の酒

筆者

【参考資料】

●「沖縄ぬちぐすい事典」尚弘子監修、プロジェクトシュリ、2002
●「現代農業特選シリーズ2　DVDでもっとわかる　現代農業特選　えひめAIの作り方・使い方」農文協編、農山漁村文化協会、2011
●「ドブロクをつくろう」前田俊彦、農山漁村文化協会、1981

●著者紹介
坂本　卓（さかもと たかし）

1968年　熊本大学大学院修了
同年三井三池製作所入社、鍛造熱処理、機械加工、組立、鋳造の現業部門の課長を経て、東京工機小名浜工場長として出向。復帰後本店営業技術部長。

熊本高等専門学校（旧八代工業高等専門学校）名誉教授
㈲服部エスエスティ取締役　三洋電子㈱技術顧問
講演、セミナー講師、経営コンサルティング、木造建築分析、発酵食品開発などで活動中。

工学博士、技術士（金属部門）、中小企業診断士
著書『おもしろ話で理解する　金属材料入門』

『おもしろ話で理解する　機械工学入門』

『おもしろ話で理解する　製図学入門』

『おもしろ話で理解する　機械工作入門』

『おもしろ話で理解する　生産工学入門』

『おもしろ話で理解する　機械要素入門』

『トコトンやさしい　変速機の本』

『トコトンやさしい　熱処理の本』

『よくわかる　歯車のできるまで』

『絵とき　機械材料基礎のきそ』

『絵とき　熱処理基礎のきそ』

『絵とき　熱処理の実務』

『絵ときでわかる　材料学への招待』

『「熱処理」の現場ノウハウ99選』

『ココからはじまる熱処理』

『おもしろサイエンス　身近な金属製品の科学』

『おもしろサイエンス　元素と金属の科学』

『おもしろサイエンス　発酵食品の科学』第1版、同第2版
（以上、日刊工業新聞社）

『熱処理の現場事例』（新日本鋳鍛造協会）

『やっぱり木の家』（葦書房）

NDC588.5

おもしろサイエンス**発酵食品の科学 第3版**

2018年3月25日　初版1刷発行
2024年4月26日　初版2刷発行

定価はカバーに表示してあります。

©著　者　坂本　卓
発行者　井水　治博
発行所　日刊工業新聞社　〒103-8548 東京都中央区日本橋小網町14番1号
書籍編集部　電話 03-5644-7490
販売・管理部　電話 03-5644-7403　FAX 03-5644-7400
URL　https://pub.nikkan.co.jp/
e-mail　info_shuppan@nikkan.tech

印刷・製本　新日本印刷（POD1）

2018 Printed in Japan　落丁・乱丁本はお取り替えいたします。
ISBN　978-4-526-07836-1